# ISOTOPENPRAXIS

*16. JAHRGANG*

**1980**

AKADEMIE-VERLAG

## An unsere Autoren

Die Zeitschrift veröffentlicht Beiträge zu folgenden Themen: Kontrolle und Analyse radioaktiver und stabiler Isotope, Anwendung radioaktiver und stabiler Isotope in allen Gebieten der Forschung und Technik, der Industrie, Landwirtschaft und Medizin, Herstellung radioaktiver und stabiler Isotope sowie von markierten Verbindungen, kernelektronische Geräte für die Isotopenanwendung (Dickenmesser, Dichtemesser u. ä.) Detektoren für isotopentechnische Arbeiten und den Strahlenschutz in Isotopenlaboratorien, Meßtechnik und Strahlenschutz, Dosimetrie in Isotopenlaboratorien, kerntechnische Geräte für die Isotopenanwendung (Betron, Bestrahlungsanlagen u. ä.), Strahlenchemie, Radiochemie, ökonomische und perspektivische Fragen, Fragen der Weiterbildung.

### *1. Aufnahme von Manuskripten*

Zur Veröffentlichung angenommen werden nur druckreife, noch nicht anderweitig publizierte Beiträge in deutscher, englischer oder russischer Sprache zum Themenbereich der Zeitschrift und zwar

- Originalarbeiten
- Kurze Originalmitteilungen
- Aus der Praxis
- Zusammenfassende Berichte
- Tagungsberichte
- Informationen.

Sind der Beitrag oder Teile daraus bereits veröffentlicht oder ist eine anderweitige Veröffentlichung vorgesehen, so muß dies der Redaktion mit genauer Angabe der Zweitveröffentlichung mitgeteilt werden. Mit der Annahme des Manuskriptes behält sich der Verlag das Recht der Vervielfältigung, Verbreitung und Übersetzung innerhalb der gesetzlichen Schutzfrist vor. Auszugsweiser Nachdruck oder photomechanische u. a. Wiedergabe sind an eine schriftliche Genehmigung des Verlages gebunden. Manuskripte, Zeichnungen und Photos von veröffentlichten Arbeiten werden nur auf den besonderen und bis zum Zeitpunkt der Veröffentlichung mitgeteilten Wunsch des Autors zurückgesandt.

Bei der unverlangten Einreichung von Manuskripten wird empfohlen, eine Befürwortung eines der Herausgeber oder Redaktionsausschußmitglieder beizufügen.

Manuskripte sind einzureichen bei der Redaktion, DDR-1080 Berlin, Leipziger Str. 3–4.

### *2. Form der Manuskripte*

Die Autoren werden gebeten:

2 Manuskripte, eines davon in Original-Maschinenschrift, einseitig und mit 2zeiligem Abstand einzureichen; gut leserliche Photokopien sind zulässig; auf dem 1. Blatt (unter Weglassung der Bezeichnung)

- den Titel der Arbeit
- Vorname-Initialen und Namen sämtlicher Autoren
- gegebenenfalls die Institution, in der sie tätig sind
- eine kurze Zusammenfassung der Arbeit von höchstens 15 Zeilen
- Keywords in alphabetischer Reihenfolge und
- als Fußnote die Anschrift der Institution anzugeben;

wenn möglich auf gesonderten Blättern Namen, Titel der Arbeit und Zusammenfassung in den beiden anderen obengenannten Sprachen 2fach beizufügen; Literaturhinweise (fortlaufend numeriert), Fußnoten, Tabellen, Abbildungen (in etwa 2facher Veröffentlichungsgröße), Abbildungsunterschriften (getrennt von den Abbildungen, mit Zeichenerklärungen, Quellenangaben, falls erforderlich, und gegebenenfalls mit einem Vermerk für besondere Wünsche bezüglich der Abbildungsgröße), private und Dienstanschrift der Verfasser mit akademischen Titeln und ausgeschriebenen Vornamen auf besonderen Blättern ans Ende des Manuskriptes zu stellen;

Wünsche für den Kolumnentitel (Seitenüberschrift) bekanntzugeben;
Absätze durch Einzüge von mindestens 3 Anschlägen kenntlich zu machen;
die Maßeinheiten des SI-Systems ("Systéme International") zu verwenden;
Korrekturen im Manuskript unmittelbar an der zu korrigierenden Stelle anzubringen;
Formeln deutlich lesbar und möglichst groß einzutragen;
Farbabbildungen und nachträgliche Änderungen oder Ergänzungen in Abbildungen zu vermeiden;
hervorzuhebende Textstellen zu unterstreichen, und zwar halbfetten Satz mit einer geraden schwarzen Linie, kursiven Satz (Schrägschrift) mit einer blauen Wellenlinie (alle Eigennamen). Sperrungen gestrichelt;
besondere Buchstaben durch farbige Unterstreichung zu kennzeichnen, und zwar Formelzeichen in

- Griechisch-Kursiv ($\alpha, \beta, \ldots$) rot,
- Kursiv ($A, B, \ldots$) blau
- halbfetter Kursiv ($\boldsymbol{A}, \boldsymbol{B}, \ldots$) 2 Linien blau (Vektoren),
- halbfetter Grotesk (**A**, **B**, ...) 2 Linien violett (Tensoren);

bei Literaturangaben auf Vollständigkeit zu achten. In nachstehender Reihenfolge müssen angegeben sein:

*a*) bei *Zeitschriften*: Vorname-Initialen und Namen sämtlicher Autoren Titel der Zeitschrift (nach „Periodica Chimica" oder möglichst wenig gekürzt), Bandnummer (unterstrichen), Jahreszahl (in Klammern), Heftnummer (nur bei Zeitschriften, die jedes Heft mit S. 1 beginnen) sowie die Seitenzahl, auf der die zitierte Arbeit beginnt.

*b*) bei *Büchern*: Initialen der Vornamen und Name des Autors (Herausgeber werden durch den Zusatz „ed." gekennzeichnet), voll ausgeschriebener Titel des Buches in der Originalsprache, evtl. Bandnummer, voll ausgeschriebener Name des Verlages, Nummer der Auflage (außer der ersten), Erscheinungsort(e), Erscheinungsjahr (hier nicht in Klammern setzen!) und evtl. Kapitelnummer, Seitenzahl u. ä.

*c*) bei *Sammelbänden, Tagungsberichten*: Es soll zusätzlich der Titel des zitierten Beitrags angegeben werden. Die Seitenzahl muß unbedingt angegeben werden. Aus dem Zitat muß hervorgehen, ob es sich um einen Tagungssammelband oder um einen noch nicht veröffentlichten Vortrag handelt. Zwischen Tagungsort und Erscheinungsort des entsprechenden Tagungsberichts ist zu unterscheiden.

### *3. Korrekturen*

Der Autor erhält zwei Umbruchabzüge, von denen einer möglichst schnell korrigiert an die Redaktion zurückgereicht werden soll. Auf Wunsch des Autors kann die Korrektur auch von der Redakion gelesen werden.

Durch nachträgliche Manuskriptänderungen verursachte Korrekturkosten gehen, sofern sie 10% der Satzkosten übersteigen zu Lasten des Autors.

Der Autor erhält 50 Sonderdrucke kostenlos. Weitere Sonderdrucke können bis zur Rückgabe der Korrekturabzüge auf Kosten des Autors bei der Redaktion bestellt werden.


## Bezugsmöglichkeiten

Bestellungen sind zu richten

- **in der DDR** an den Postzeitungsvertrieb; an eine Buchhandlung oder an den AKADEMIE-VERLAG, DDR-1080 Berlin, Leipziger Straße 3–4
- **im sozialistischen Ausland** an eine Buchhandlung für fremdsprachige Literatur oder an den zuständigen Postzeitungsvertrieb
- **in der BRD und Westberlin** an eine Buchhandlung oder an die Auslieferungsstelle KUNST UND WISSEN, Erich Bieber, 7000 Stuttgart 1, Wilhelmstraße 4–6
- **in Österreich** an den Globus-Buchvertrieb, 1201 Wien, Höchstädtplatz 3
- **in den übrigen westeuropäischen Ländern** an eine Buchhandlung oder an die Auslieferungsstelle KUNST UND WISSEN, Erich Bieber GmbH, CH-8008 Zürich/Schweiz, Dufourstraße 51
- **im übrigen Ausland** an den Internationalen Buch- und Zeitschriftenhandel; den Buchexport, Volkseigener Außenhandelsbetrieb der Deutschen Demokratischen Republik, DDR-7010 Leipzig, Postfach 160, oder an den AKADEMIE-VERLAG, DDR-1080 Berlin, Leipziger Straße 3–4

Zeitschrift „Isotopenpraxis"

Herausgeber: Im Auftrag des Akademie-Verlages herausgegeben von Prof. Dr. Justus Mühlenpfordt und Prof. Dr. Carl Friedrich Weiss
Verlag: Akademie-Verlag, DDR-1080 Berlin, Leipziger Straße 3–4; Fernruf 2236221 oder 2236229; Telex-Nr. 114420;
Bank: Staatsbank der DDR, Berlin, Kto.-Nr.: 6836-26-20712
Chefredakteur: Dr. Klaus Uhlig, Berlin
Anschrift der Redaktion (Fernruf: 6351177) der Zeitschrift Isotopenpraxis: Akademie-Verlag, DDR-1080 Berlin, Leipziger Str. 3–4
Veröffentlicht unter der Lizenznummer 1527 des Presseamtes beim Vorsitzenden des Ministerrates der Deutschen Demokratischen Republik
Gesamtherstellung: VEB Druckerei „Thomas Müntzer", DDR-5820 Bad Langensalza
Erscheinungsweise: Die Zeitschrift „Isotopenpraxis" erscheint monatlich. Die 12 Hefte eines Jahrganges bilden einen Band. Bezugspreis je Band 180,– M zuzüglich Versandspesen (Preis für die DDR 108,– M), Preis je Heft 15,– (Preis für die DDR 9,– M)
Bestellnummer dieses BanJes: 1079/16.



AN (EDV) 12831

# Autoren- und Inhaltsverzeichnis

* = zusammenfassender Bericht bzw. Fortschrittsbericht

# Sachverzeichnis

ISSN 0021-1915

16. JAHRGANG · SEITEN 1—36 · BERLIN JANUAR 1980

IPRAX 16 16 (1) 1—36 (1980) 32036

# 1

# isotopenpraxis

EVP 9,--M

AKADEMIE-VERLAG

## An unsere Autoren

Die Zeitschrift veröffentlicht Beiträge zu folgenden Themen: Kontrolle und Analyse radioaktiver und stabiler Isotope, Anwendung radioaktiver und stabiler Isotope in allen Gebieten der Forschung und Technik, der Industrie, Landwirtschaft und Medizin, Herstellung radioaktiver und stabiler Isotope sowie von markierten Verbindungen, kernelektronische Geräte für die Isotopenanwendung (Dickenmesser, Dichtemesser u. ä.) Detektoren für isotopentechnische Arbeiten und den Strahlenschutz in Isotopenlaboratorien, Meßtechnik und Strahlenschutz, Dosimetrie in Isotopenlaboratorien, kerntechnische Geräte für die Isotopenanwendung (Beton, Bestrahlungsanlagen u. ä.), Strahlenchemie, Radiochemie, ökonomische und perspektivische Fragen, Fragen der Weiterbildung.

*1. Aufnahme von Manuskripten*

Zur Veröffentlichung angenommen werden nur druckreife, noch nicht anderweitig publizierte Beiträge in deutscher, englischer oder russischer Sprache zum Themenbereich der Zeitschrift und zwar

Originalarbeiten
Kurze Originalmitteilungen
Aus der Praxis
Zusammenfassende Berichte
Tagungsberichte
Informationen.

Sind der Beitrag oder Teile daraus bereits veröffentlicht oder ist eine anderweitige Veröffentlichung vorgesehen, so muß dies der Redaktion mit genauer Angabe der Zweitveröffentlichung mitgeteilt werden. Mit der Annahme des Manuskriptes behält sich der Verlag das Recht der Vervielfältigung, Verbreitung und Übersetzung innerhalb der gesetzlichen Schutzfrist vor. Auszugsweiser Nachdruck oder photomechanische u. a. Wiedergabe sind an eine schriftliche Genehmigung des Verlages gebunden. Manuskripte, Zeichnungen und Photos von veröffentlichten Arbeiten werden nur auf den besonderen und bis zum Zeitpunkt der Veröffentlichung mitgeteilten Wunsch des Autors zurückgesandt.

Bei der unverlangten Einreichung von Manuskripten wird empfohlen, eine Befürwortung eines der Herausgeber oder Redaktionsausschußmitglieder beizufügen.

Manuskripte sind einzureichen bei der Redaktion, DDR-108 Berlin, Leipziger Str. 3–4.

*2. Form der Manuskripte*

Die Autoren werden gebeten:

2 Manuskripte, eines davon in Original-Maschinenschrift, einseitig und mit 2zeiligem Abstand einzureichen; gut leserliche Photokopien sind zulässig; auf dem 1. Blatt (unter Weglassung der Bezeichnung)

den Titel der Arbeit
Vorname-Initialen und Namen sämtlicher Autoren
gegebenenfalls die Institution, in der sie tätig sind
eine kurze Zusammenfassung der Abeit von höchstens 15 Zeilen
Keywords in alphabetischer Reihenfolge und
als Fußnote die Anschrift der Institution anzugeben;

wenn möglich auf gesonderten Blättern Namen, Titel der Arbeit und Zusammenfassung in den beiden anderen obengenannten Sprachen 2fach beizufügen;

Literaturhinweise (fortlaufend numeriert), Fußnoten, Tabellen, Abbildungen (in etwa 2facher Veröffentlichungsgröße), Abbildungsunterschriften (getrennt von den Abbildungen, mit Zeichenerklärungen, Quellenangaben, falls erforderlich, und gegebenenfalls mit einem Vermerk für besondere Wünsche bezüglich der Abbildungsgröße), private und Dienstanschrift der Verfasser mit akademischen Titeln und ausgeschriebenen Vornamen auf besonderen Blättern ans Ende des Manuskriptes zu stellen;

Wünsche für den Kolumnentitel (Seitenüberschrift) bekanntzugeben;
Absätze durch Einzüge von mindestens 3 Anschlägen kenntlich zu machen;
die Maßeinheiten des SI-Systems ("Systéme International") zu verwenden;
Korrekturen im Manuskript unmittelbar an der zu korrigierenden Stelle anzubringen;
Formeln deutlich lesbar und möglichst groß einzutragen;
Farbabbildungen und nachträgliche Änderungen oder Ergänzungen in Abbildungen zu vermeiden;
hervorzuhebende Textstellen zu unterstreichen, und zwar halbfetten Satz mit einer geraden schwarzen Linie, kursiven Satz (Schrägschrift) mit einer blauen Wellenlinie (alle Eigennamen). Sperrungen gestrichelt;
besondere Buchstaben durch farbige Unterstreichung zu kennzeichnen, und zwar Formelzeichen in

Griechisch-Kursiv ($\alpha$, $\beta$, ...) rot,
Kursiv ($A$, $B$, ...) blau
halbfetter Kursiv ($\boldsymbol{A}$, $\boldsymbol{B}$, ...) 2 Linien blau (Vektoren),
halbfetter Grotesk (**A**, **B**, ...) 2 Linien violett (Tensoren);

bei Literaturangaben auf Vollständigkeit zu achten. In nachstehender Reihenfolge müssen angegeben sein:

*a)* bei *Zeitschriften*: Vorname-Initialen und Namen sämtlicher Autoren, Titel der Zeitschrift (nach „Periodica Chimica“ oder möglichst wenig gekürzt), Bandnummer (unterstrichen), Jahreszahl (in Klammern), Heftnummer (nur bei Zeitschriften, die jedes Heft mit S. 1 beginnen) sowie die Seitenzahl, auf der die zitierte Arbeit beginnt.

*b)* bei *Büchern*: Initialen der Vornamen und Name des Autors (Herausgeber werden durch den Zusatz „ed.“ gekennzeichnet), voll ausgeschriebener Titel des Buches in der Originalsprache, evtl. Bandnummer, voll ausgeschriebener Name des Verlages, Nummer der Auflage (außer der ersten), Erscheinungsort(e), Erscheinungsjahr (hier nicht in Klammern setzen!) und evtl. Kapitelnummer, Seitenzahl u. ä.

*c)* bei *Sammelbänden, Tagungsberichten*: Es soll zusätzlich der Titel des zitierten Beitrags angegeben werden. Die Seitenzahl muß unbedingt angegeben werden. Aus dem Zitat muß hervorgehen, ob es sich um einen Tagungssammelband oder um einen noch nicht veröffentlichten Vortrag handelt. Zwischen Tagungsort und Erscheinungsort des entsprechenden Tagungsberichts ist zu unterscheiden.

*3. Korrekturen*

Der Autor erhält zwei Umbruchabzüge, von denen einer möglichst schnell korrigiert an die Redaktion zurückgereicht werden soll. Auf Wunsch des Autors kann die Korrektur auch von der Redaktion gelesen werden.

Durch nachträgliche Manuskriptänderungen verursachte Korrekturkosten gehen, sofern sie 10% der Satzkosten übersteigen zu Lasten des Autors.

Der Autor erhält 50 Sonderdrucke kostenlos. Weitere Sonderdrucke können bis zur Rückgabe der Korrekturabzüge auf Kosten des Autors bei der Redaktion bestellt werden.

## Bezugsmöglichkeiten

ASMW

Bestellungen sind zu richten

- **in der DDR** an den Postzeitungsvertrieb; an eine Buchhandlung oder an den AKADEMIE-VERLAG, DDR-1080 Berlin, Leipziger Straße 3–4
- **im sozialistischen Ausland** an eine Buchhandlung für fremdsprachige Literatur oder an den zuständigen Postzeitungsvertrieb
- **in der BRD und Westberlin** an eine Buchhandlung oder an die Auslieferungsstelle KUNST UND WISSEN, Erich Bieber, 7000 Stuttgart 1, Wilhelmstraße 4–6
- **in Österreich** an den Globus-Buchvertrieb, 1201 Wien, Höchstädtplatz 3
- **in den übrigen westeuropäischen Ländern** an eine Buchhandlung oder an die Auslieferungsstelle KUNST UND WISSEN, Erich Bieber GmbH, CH-8008 Zürich/Schweiz, Dufourstraße 51
- **im übrigen Ausland** an den Internationalen Buch- und Zeitschriftenhandel; den Buchexport, Volkseigener Außenhandelsbetrieb der Deutschen Demokratischen Republik, DDR-7010 Leipzig, Postfach 160, oder an den AKADEMIE-VERLAG, DDR-1080 Berlin, Leipziger Straße 3–4

Zeitschrift „Isotopenpraxis“

Herausgeber: Im Auftrag des Akademie-Verlages herausgegeben von Prof. Dr. Justus Mühlenpfordt und Prof. Dr. Carl Friedrich Weiss
Verlag: Akademie-Verlag, DDR-1080 Berlin, Leipziger Straße 3–4; Fernruf 2236221 oder 2236229; Telex-Nr. 114420;
Bank: Staatsbank der DDR, Berlin, Kto.-Nr.: 6836-26-20712
Chefredakteur: Dr. Klaus Uhlig, Berlin
Anschrift der Redaktion (Fernruf: 6351177) der Zeitschrift Isotopenpraxis: Akademie-Verlag, DDR-1080 Berlin, Leipziger Str. 3–4
Veröffentlicht unter der Lizenznummer 1527 des Presseamtes beim Vorsitzenden des Ministerrates der Deutschen Demokratischen Republik
Gesamtherstellung: VEB Druckerei „Thomas Müntzer“, DDR-5820 Bad Langensalza
Erscheinungsweise: Die Zeitschrift „Isotopenpraxis“ erscheint monatlich. Die 12 Hefte eines Jahrganges bilden einen Band. Bezugspreis je Band 144,– M zuzüglich Versandspesen (Preis für die DDR 108,– M), Preis je Heft 12,– (Preis für die DDR 9,– M)
Bestellnummer dieses Heftes: 1079/16/1

AN (EDV) 12831

ISOTOPENPRAXIS ISSN 0021-1915

Band 16 (1980) Heft 1, S. 1–36

Redaktion und Verlag: Akademie-Verlag, Redaktion Isotopenpraxis, 1080 Berlin, Leipziger Straße 3–4

# Inhaltsverzeichnis



*(Fortsetzung des Inhaltsverzeichnisses auf der Rückseite des 2. gelben Blattes)*

ISOTOPENPRAXIS

Band 16 (1980) Heft 1, S. 1—36

Redaktion und Verlag: Akademie-Verlag, Redaktion Isotopenpraxis, 1080 Berlin, Leipziger Straße 3—4

# Contents

## Articles

*E. Fodor, E. Grecu, V. Mercea, T. Fodor*

Transport Coefficient Determination for an Isotopic Exchange Unit (*in English*)

Isotopenpraxis 16 (1980) No. 1, p. 1 to 4
6 Fig., 3 Tab., 5 Ref.

In the following the experimental results for the isotopic exchange between alcohol and hydrogen heterogenously catalyzed are presented.
On this purpose a counter current column based on the succesive exchange between three fluids is used. The transport coefficients are determined in dependence on different experimental parameters.

*A. Starzec, W. Zaraska*

Characteristics of Low Power X-Ray Tubes (*in English*)

Isotopenpraxis 16 (1980) No. 1, p. 4 to 9
12 Fig., 1 Tab., 8 Ref.

The results of investigations of the low power X-ray tubes with transmission anode, constructed in the Institute of Physics and Nuclear Techniques (IPNT) are presented. The X-ray spectra for copper, molybdenum and silver anodes were measured and the yield of the tube with the silver anode was compared with the yield of a $^{109}$Cd source. The one-day and the several-days yield stabilities were checked. The conclusions and the perspectives of further studies are also given.

*M. Kubsch, D. Peschke, E. Heinze, U. Herrmann, R. Stahlberg*

Automatic γ-Spectra Measurement in Neutron Activation Analysis

Isotopenpraxis 16 (1980) No. 1, p. 10 to 12
5 Fig., 1 Tab., 3 Ref.

A new technical variant for automation and improvement of the measuring process and the working conditions in instrumental neutron activation analysis is reported on. The construction developed permits the automatic change of 40 samples with variable sample — detector distances from 0 to 700 mm. The cycle "sample changing — measuring of γ-spectra — data output" is centrally controlled and supervised. Data are recorded on a punch tape.

*D. Sarrach, U. Lachmann, J. Zipper, J. Axt*

Experiments on the Inclusion of Insulin in Lecithin Microblisters Using $^{125}$I Insulin and $^{131}$I Lecithin as Indicators

Isotopenpraxis 16 (1980) No. 1, p. 13 to 16
7 Fig., 1 Tab., 15 Ref.

Through adsorption of $^{131}$ICl, egg lecithin was labelled and simultaneously together with $^{125}$I insulin used for studying the insulin inclusion in lecithin monolayer liposomes. By applying ultrasonics, microblisters containing insulin were yielded to be characterized by electron microscopy and through gel chromatography. With growing insulin concentration, the yield of bound insulin increased to a value comparable to the included water volume. Insulin disintegration by ultrasonics, the labelled main products of which could be identified, was strongly reduced by the presence of lecithin. The bound insulin turned out to be in good immunological state.

# Содержание

## Статьи

*Е. Фодор, Е. Греку, В. Мерцеа, Т. Фодор*

Определение коэффициента переноса применительно к установке для изотопного обмена (*на англ. языке*)

Isotopenpraxis 16 (1980) вып. 1, стр. 1 до 4
6 рис., 3 табл., 5 лит.

В настоящей работе приводится описание результатов опытов по гетерогенно-каталитическому изотопному обмену, происходящему между водородом и алкоголем в противопоточной обменной колонне, основанной на принципе комплексного обмена между тремя жидкостями. Определились постоянные переноса в зависимости от различных экспериментальных параметров по отношению к системе метанол-водород.

*А. Старжеч, В. Заразка*

Характеристика низковольтных рентгеновских трубок (*на англ. языке*)

Isotopenpraxis 16 (1980) вып. 1, стр. 4 до 9
12 рис., 1 табл., 8 лит.

Представляются результаты проверки изготовленных в Институте Физики и Ядерной Техники (ИПНТ) низковольтных рентгеновских трубок с анодом передачи. Были измерены рентгеновские спектры медных, молибденовых и серебряных анодов. Выход трубки с серебряным анодом сравнялся с выходом источника $^{109}$Cd. Проверилась устойчивость выхода в течение суток и в течение нескольких суток. Приводятся также заключения и перспектива дальнейших исследований.

*М. Кубш, Д. Пешлке, Э. Хайнце, У. Херрманн, Р. Штальберг*

Новая аппаратура для автоматизации нейтронно-активационного анализа

Isotopenpraxis 16 (1980) вып. 1, стр. 10 до 12
5 рис., 1 табл., 3 лит.

В работе описывается новая аппаратура для автоматизации и оптимизации нейтронно-активационного анализа. С помощью этого устройства улучшены воспроизводимость и правильность результатов. Аппаратура позволяет проводить автоматическое измерение 40 проб. Расстояние между пробой и детектором составляет 0—700 *мм*. Устройство управляется и наблюдает на расстоянии. Выдача данных производится с помощью перфораторных лент.

*Д. Саррах, У. Лахманн, И. Циппер, И. Акст*

Опыты по включению инсулина в микропузырки лецитина с применением $^{125}$J инсулина и $^{131}$J лецитина в качестве индикаторов

Isotopenpraxis 16 (1980) вып. 1, стр. 13 до 16
7 рис., 1 табл., 15 лит.

Лецитин яйц путем присоединения $^{131}$JCl был мечен и одновременно с помощью $^{125}$J обследован на предмет включения инсулина в монослойных липозомах лецитина. С помощью ультразвука были получены содержащие инсулин микропузырьки, характеризованные методом электронной микроскопии, а также путем хроматографии геля. С возрастающей концентрацией инсулина выход связанного инсулина снизился до величины, сравниваемой со включенным объемом воды. Наличие лецитина сильно уменьшило разложение ультразвуком инсулина, при чем основные меченые продукты разложения удалось идентифицировать. Связанный инсулин в основном оказался в хорошем имуунологическом состоянии.

# Transport Coefficient Determination for an Isotopic Exchange Unit

*E. Fodor*), E. Grecu, V. Mercea, T. Fodor*

(*) Univ. "Babeş-Bolyai", Facultatea de Fizică[1]) Institutul de Tehnologie Izotopică şi Moleculară[2]))

*In the following the experimental results for the isotopic exchange between alcohol and hydrogen heterogenously catalyzed are presented.*
*On this purpose a counter current column based on the succesive exchange between three fluids is used. The transport coefficients are determined in dependence on different experimental parameters.*

## (B12) INIS DESCRIPTORS:

catalysis; chemical reaction kinetics; deuteration; deuterium compounds; distillation; films; flow rate; fluid flow; hydrogen; hydrogen deuteride; isotopic exchange; labelling; laboratory equipment; mass transfer; medium temperature; methanol; temperature dependence; vapor pressure; vapors

## Introduction

The isotopic exchange reaction between alcohols and hydrogen, heterogeneously catalyzed emphasizes the higher reactivity of the OH-hydrogen in comparison with the alkylic one.

In the present paper it is checked the labelling technique previously described [1] for the deuteration of the hydroxylic hydrogen. On this purpose, the methylic alcohol is selected because the reactivity to deuteration of its $CH_3$-group is more reduced than for the other aliphatic alcohols [2].

Fig. 1a illustrates the principle of the deuteration process, which combines the best features of the isotopic transfer by distillation with a catalytic exchange reaction occuring at the interface between a solid catalyst and the gas phase.

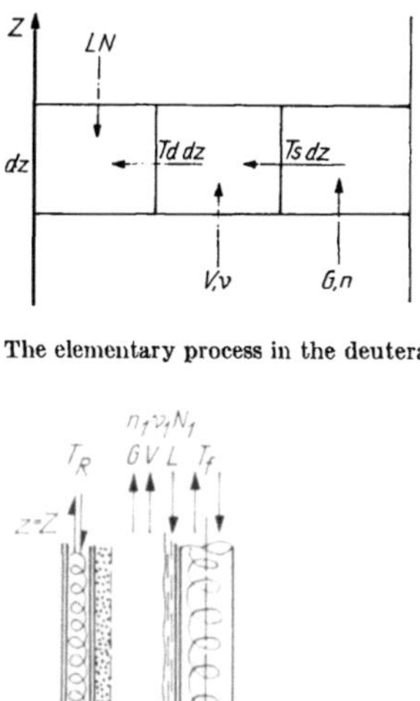


Fig. 1a. The elementary process in the deuteration column

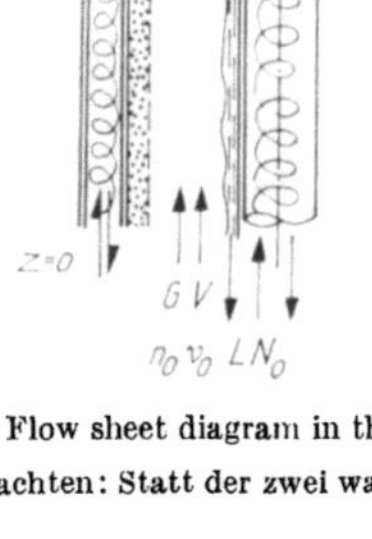


Fig. 1b. Flow sheet diagram in the deuteration column
Bitte beachten: Statt der zwei waagerechten Striche in der Mitte der Abb. (=) lies ⇆

The theory of the complex transfer process [3] points out that the transfer coefficients of the elementary steps can be determined using an exchange column represented schematically in fig. 1b [1]; when the following isotopic and material balance equations are applied:

$$G\frac{dn}{dz} = -T_s\,;\; V\frac{dv}{dz} = T_s - T_d \text{ and } L\frac{dN}{dz} = -T_d \quad (1a)$$

where

$$T_s = k_s P_s\,[\alpha_s n(1-v) - v(1-n)] \quad (1b)$$

$$T_d = k_d P_d\,[\alpha_d v(1-N) - N(1-v)]$$

$$Gn + V - LN = \text{const.}$$

In these expressions $k_s$ represents the rate constant of the isotopic exchange reaction that takes place between hydrogen and alcohol vapour on the catalytic surface according to

$$CH_3OH + HD \rightleftarrows CH_3OD + H_2$$

and $k_d$ the transfer constant at the liquid-vapour phase interface. Both constants are expressed in mole/cm² · s units.

The analytical solutions of the equations set (1) in the range of low D-label permit the determination of the two constants if the bottom respectively the top concentrations are known, as follows from fig. 1b.

$$z = 0 \quad n_0, v_0, N_0 \quad (1c)$$

$$z = Z \quad n_1, v_1, N_1$$

The interest in the determination of the two constants is that they permit the design of an isotopic transfer column operated in different conditions than those in which $k_s$ and $k_d$ are measured.

Because a considerable amount of data are required to evaluate the effect of all variables on the transfer coefficients, a computer program is developed to calculate them. The results for a limited number of experiments are summarized in tab. 1, where the constants $k_s$ and $k_d$ are derived for differing operating conditions.

## Experimental section

The experimental values for the transfer coefficients are obtained by operating the exchange equipment in open circuit.

*) 3400 Cluj-Napoca, str. M. Kogălniceanu 1, Rumänien; [2]) 3400 Cluj-Napoca, str. Donath 59, Rumänien

Tab. 1. Set of experimental results used for the determination of the transport coefficients

| $T_R$, °C | $T_f$ | $G$ mole/h | $V$ mole/h | $L$ mole/h | $n_0$ % $D_2$ | $n_1$ % $D_2$ | $N_0$ % $CH_3OD$ | $\nu_1$ % $CH_3OD$ | $k_s \cdot 10^{-8}$ mole/cm² · s | $k_d \cdot 10^{-8}$ mole/cm² · s |
|---|---|---|---|---|---|---|---|---|---|---|
| 80 | ether | 0.113 | 0.087 | 0.499 | 2.55 | 1.25 | 0.94 | 0.48 | 2.03 | 25.60 |
| | F 113 | 0.063 | 0.092 | 0.477 | 4.77 | 1.10 | 1.52 | 0.10 | 2.32 | 138.35 |
| | | 0.111 | 0.147 | 0.481 | 4.12 | 1.92 | 1.58 | 0.10 | 2.09 | 245.66 |
| | | 0.173 | 0.203 | 0.475 | 5.27 | 2.68 | 3.19 | 0.10 | 3.17 | 625.59 |
| | acetone | 0.227 | 0.186 | 0.500 | 2.67 | 1.82 | 1.07 | 0.39 | 2.19 | 65.68 |
| 98 | | 0.113 | 0.116 | 0.469 | 3.35 | 0.90 | 1.53 | 0.10 | 4.35 | 203.99 |
| | F 113 | 0.174 | 0.116 | 0.477 | 3.37 | 1.45 | 2.32 | 0.10 | 4.09 | 354.18 |
| | acetone | 0.118 | 0.108 | 0.475 | 2.46 | 0.60 | 1.45 | 0.05 | 4.64 | 281.62 |
| 110 | F 113 | 0.062 | 0.079 | 0.464 | 3.32 | 0.28 | 1.10 | 0.05 | 4.87 | 119.68 |
| 132 | ether | 0.063 | 0.054 | 0.472 | 3.08 | 0.07 | 1.16 | 0.05 | 10.31 | 52.58 |
| | | 0.229 | 0.222 | 0.500 | 2.95 | 1.18 | 2.32 | 0.50 | 11.24 | 140.52 |
| | F 113 | 0.233 | 0.326 | 0.528 | 3.10 | 1.22 | 3.50 | 0.50 | 8.12 | 145.91 |
| | acetone | 0.056 | 0.069 | 0.500 | 2.40 | 0.04 | 0.96 | 0.05 | 15.17 | 35.3 |
| | | 0.110 | 0.084 | 0.440 | 2.40 | 0.37 | 1.52 | 0.10 | 7.43 | 110.89 |

The working conditions are:

$P$ = 1 atm.
$Z$ = 140 cm
$L$ = 0.5 mole/h, 1 mole/h
$G$ = 0.05 mole/h – 0.3 mole/h
$P_s$ = 6.28 cm
$P_d$ = 4.08 cm
$T_R$ = 80 °C; 98 °C; 110 °C; 132 °C
$\alpha_s$ = 1.37; 1.277; 1.218; 1.125
$T_f$ = 34 °C; 50 °C; 54 °C
$\alpha_d \cong 1$

Before every measurement the steady-state situation is established, namely, the isotopic concentrations at the both ends of the column are constant versus time.

During the experiment, samples are drawn off at different time intervals from the liquid film, vapour and gas phases and the analysis are performed by mass spectrometry and gas chromatography.

For every working condition the isotopic balance is determined and the error limits admitted are no higher than 5% [1].

All chemicals are of analytical grade, and purified from water traces in order to avoid the parallel exchange reaction between water-vapour and hydrogen. The methylic alcohol has the natural isotopic abundance while the D-content of the hydrogen reaches about 10% HD. As previously mentioned [1] Nickel-Chromia supported catalyst is used in all experiments.

## Results

The experimental values of the transfer coefficients are determined in respect to the: gas and liquid flow rates, film and catalyst temperatures.

If the dependence of the $k_s$ coefficient on different experimental parameters is considered, the following results are obtained:

The values of $k_s$ are unaffected by the gas flowrate in the circulating conditions in which the experiments have been carried out, as it results from fig. 2.

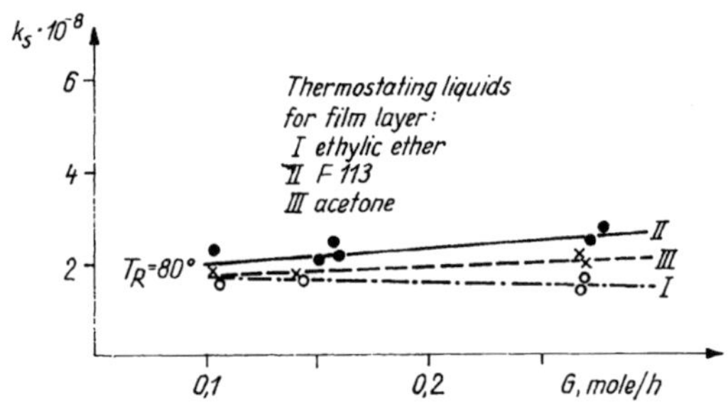


Fig. 2. Dependence of $k_s$ coefficient on the hydrogen flow

Tab. 2. The dependence of the $k_s$ coefficient on the catalyst temperature

$G$ = 0.12 mole/h hydrogen

| $T_R$, °C | Termostating liquid | $k_s \cdot 10^{-8}$ |
|---|---|---|
| 80 | ether | 1.62 |
| 98 | | 3.80 |
| 110 | | 5.15 |
| 132 | | 10.68 |
| 80 | F 113 | 2.35 |
| 98 | | 4.50 |
| 110 | | 5.82 |
| 132 | | 8.10 |
| 80 | acetone | 1.98 |
| 98 | | 5.20 |
| 110 | | 6.43 |
| 132 | | 8.35 |

The coefficient of exchange, $k_s$ depends on the temperature of the catalyst on which surface the reaction takes place. Tab. 2, illustrates the experiments performed at the same flowrate and saturation pressure but at different temperatures of the catalytic surface. Graphical plots of ln $k_s$ versus $1/T$ show *Arrhenius* type curves and from their slope the apparent activation energy $Q_s = 4{\cdot}38$ Kcal/mole is obtained. It should be pointed out that $Q_s$ is insensitive to variation of the vapour pressure in the gas phase. From this result it can be concluded that the rate-limiting mechanism which determines the $k_s$ value is the reaction on the catalytic surface unaffected by the diffusion processes occuring in the gaseous phase.

The dependence of $k_s$-coefficient on the ratio $P_v/P_{total}$ is also investigated and the curves from fig. 3 are obtained. It can be seen that there is an optimum value of the coefficient, effect similar to data obtained for hydrogen — water isotopic exchange as mentioned earlier in [4].

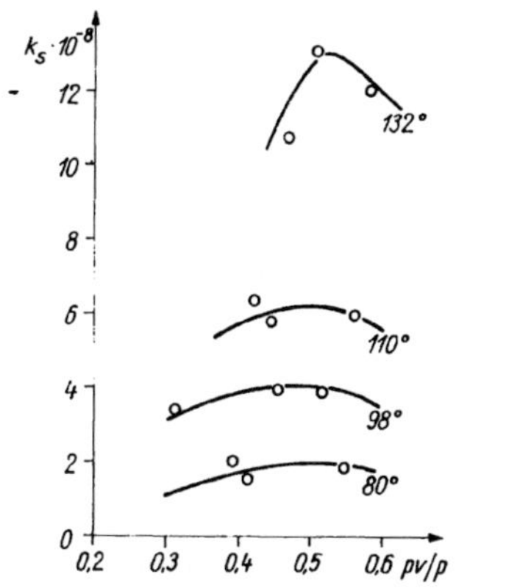


Fig. 3. Dependence of $k_s$ coefficient on the $p_v/p$ ratio

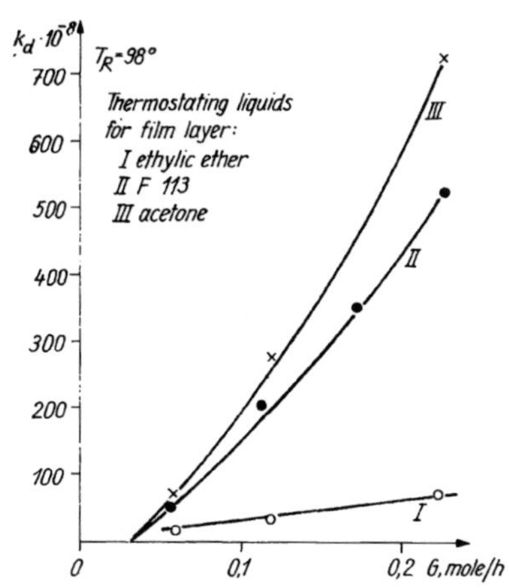


Fig. 4. Dependence of $k_d$ coefficient on the hydrogen flow

Investigation of the $k_d$-coefficient dependence on different parameters is undertaken and the following conclusions can be drawn:

In contrast with the behaviour of the coefficient $k_s$, the parameter $k_d$ depends significantly on the gas flow rate as indicated in the set of curves from fig. 4. In this case, the film respectively catalyst temperatures are maintained constant. The same correlation has been observed for the isotopic exchange water-hydrogen previously studied [4] on the same type of columns. The monotonous increase of the $k_d$-coefficient with the gas flow rate can be associated with the increase of the turbulent eddying in the gas phase; that accelerates the diffusional transport.

Tab. 3 gives the dependence of the $k_d$ on the film temperature; all other conditions being constant. Typical Arrhenius plots are obtained and the activation energy derived from the slope of the

Tab. 3. Dependence of $k_d$ coefficient on the film temperature $G = 0{\cdot}15$ mole/h hydrogen

| $T_f$, °K | $k_d \cdot 10^{-8}$ | $T_R$ | $p_v/p$ |
|---|---|---|---|
| 316·5 | 32·5 | 80° | 0·398 |
| 317·5 | 39 | | 0·415 |
| 323·7 | 89 | | 0·548 |
| 311·5 | 44 | 98° | 0·315 |
| 319·8 | 280 | | 0·460 |
| 322·5 | 350 | | 0·520 |
| 320 | 102 | 132° | 0·465 |
| 322 | 160 | | 0·505 |
| 325 | 250 | | 0·578 |

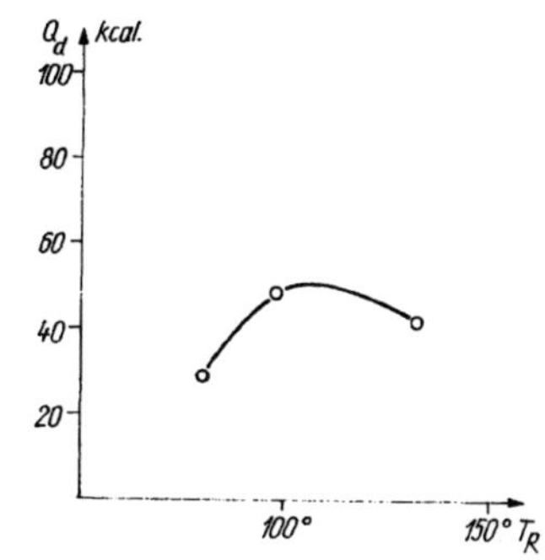


Fig. 5. Activation energy of the $k_d$ coefficient versus catalyst temperature

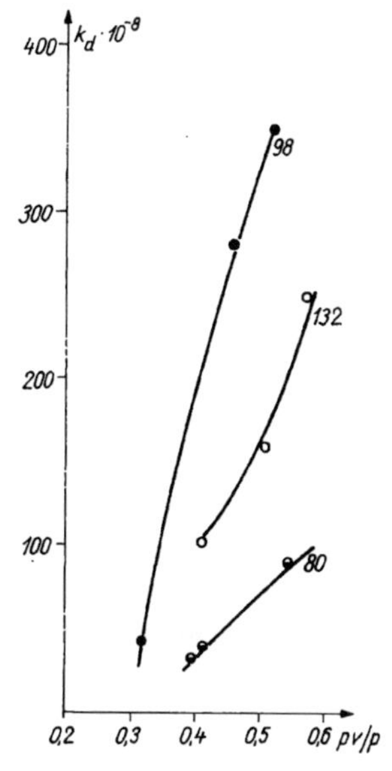


Fig. 6. Dependence of $k_d$ coefficient on the $p_v/p$ ratio

curves vary with the temperature of the catalyst surface as follows from fig. 5.

This behaviour can be regarded as an effect of the thermal regime in column which depends, in this case, upon the temperatures $T_R$ and $T_f$.

With regard to the dependence of $k_d$ on the vapour pressure in the bulk of the gaseous space the data represented in tab. 3 and fig. 6 are obtained. It can be observed an increase of the

$k_d$-coefficient with the film temperature, similar to the situation in the case of hydrogen-water exchange investigated on the same type of column. At the same time, the curves show a strong dependence of the $k_d$ coefficient on the reaction temperature.

## Conclusions

Under the experimental conditions in which the column has been operated, the transport coefficients $k_s$ and $k_d$ present different behaviour on the experimental parameters.

It may be concluded that the theory of isotopic exchange between three successive fluids [3] describes accurately the processes which take place in the exchange unit of the type it has been used in the present work. The same conclusion can be drawn for water-hydrogen exchange as previously mentioned [4].

If the numerical values of the two transport coefficient are considered the following comparison can be carried out. For the isotopic exchange between water and hydrogen are obtained transport coefficient with about two orders of magnitude higher than those derived for alcohol-hydrogen exchange. The same difference in magnitude is mentioned in [5] for the reaction rate constants of the both systems, determined by means of a dynamical method previously described.

Received May 16, 1979

## List of symbols

$G$ = hydrogen flow in mole/h
$V$ = vapour flow in mole/h
$L$ = liquid film flow in mole/h
$n$ = deuterium concentration of hydrogen in mole fraction %
$v$ = deuterium concentration of the alcohol vapour in mole fraction %
$N$ = deuterium concentration of the alcohol film in mole fraction %
$T_f$ = film temperature
$T_R$ = catalyst surface temperature
$k_s$ = transport coefficient depending on the catalytic reaction
$P_s$ = perimeter of the catalyst surface
$k_d$ = transport coefficient depending on the film-vapour isotopic transfer
$P_d$ = perimeter of the film surface
$\alpha_s$ = separation factor for the exchange reaction between hydrogen and alcohol vapour
$\alpha_d$ = separation factor by distillation
$z$ = coordinate of the column length
$Z$ = total column length
$T_s$ = isotopic transport by catalytic reaction
$T_d$ = isotopic transport by distillation
$Q_s$ = activation energy corresponding to $k_s$ coefficient in kcal/mole
$Q_d$ = activation energy corresponding to $k_d$ coefficient in kcal/mole
$p_v$ = partial vapour pressure in the gas phase
$P$ = pressure in the column
$n_0 v_0 N_0$ = concentration values at $z = 0$
$n_1 v_1 N_1$ = concentration values at $z = Z$

## References


[1] *E. Fodor, E. Grecu, V. Mercea, N. Palibroda, T. Fodor*, Isotopenpraxis **12** (1977) 437
[2] *J. N. Pisarev, V. A. Salygin, J. D. Zelvenskij*, Isotope Titles **3** (1970) 235
[3] *N. Palibroda*, Z. Naturforschg **21 a** (1966) 745
[4] *I. Hodor, N. Morar, M. Peculea, L. Sămpălean*, Stud. cercet. fiz. **21** (1969) 1105
[5] *I. Ursu, O. Piringer, D. Strugaru*, Stud. cercet. fiz. **4** (1963) 421


# Characteristics of Low Power X-Ray Tubes

*A. Starzec, W. Zaraska*

(Institute of Physics and Nuclear Techniques Kraków)[1]

*The results of investigations of the low power X-ray tubes with transmission anode, constructed in the Institute of Physics and Nuclear Techniques (IPNT) are presented. The X-ray spectra for copper, molybdenum and silver anodes were measured and the yield of the tube with the silver anode was compared with the yield of an $^{109}$Cd source. The one-day and the several-days yield stabilities were checked. The conclusions and the perspectives of further studies are also given.*

**(B11) INIS DESCRIPTORS:**

anodes; bremsstrahlung; copper; energy spectra; energy yield; miniaturization; molybdenum; silver; specifications; X-ray spectra, X-ray tubes;

## 1. Introduction

Since the early days of X-ray fluorescence analysis (XRF) the high power (up to several kW) X-ray tubes have been the source of this radiation and crystal spectrometers (dispersive XRF) have been used for the analysis of the induced X-rays spectra. The devices based upon this principle, built actually by several manufacturers and are designed for the rapid determination of several (up to 20) elements simultaneously in the samples preliminarily prepared, are of high accuracy (few percent). The energy-dispersive XRF with the use of isotopic X-ray sources, proportional or semiconductor detectors and multichannel analyzers has been developed parallelly. The devices of this type have been applied to laboratory and field determinations of (up to several) elements in various materials (solids, powders, liquids). The extention of the energy-dispersive XRF for the determination of trace concentrations of various elements gave rise to a need for sources of much greater yield than the one of actual radioisotopic sources. The low power X-ray tubes having a high and stable yield and a pure spectrum appeared in early seventies in the USA and the USSR. These tubes of small dimensions and not requiring any water cooling have been applied for the non-dispersive XRF.

[1] Address: Pl-30-059 Kraków, Al Mickiewicza 30, VR Polen

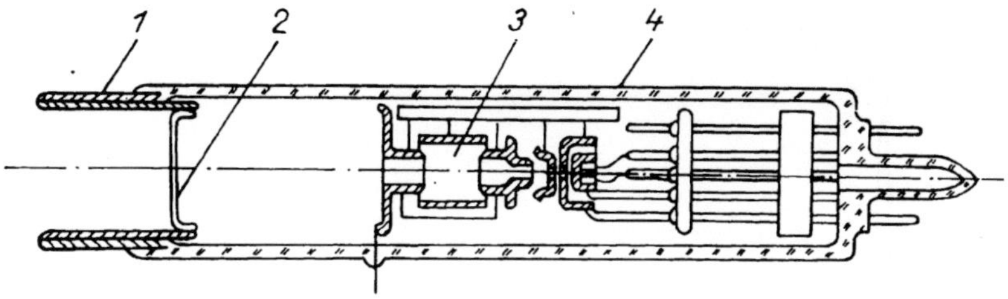


Fig. 1. Miniature X-ray tube with the transmission anode
*1* — Metallic cylinder; *2* — Anode; *3* — Electron gun; *4* — Glass tube

Tab. 1.

| No | Anode material | Anode thickness μm | Tube length mm | Tube diameter mm | Emission solid angle sr | Heating power W | Admissible anode voltage kV | Maximum anode current μA | Tube photon yield W | Yield measurement parameters: Anode voltage kV | Yield measurement parameters: Anode current μA |
|---|---|---|---|---|---|---|---|---|---|---|---|
| 1 | Cu | 100 | | | | | | | $0.51 \cdot 10^{-7} \pm 0.52 \cdot 10^{-8}$ | 18 | 30 |
| 2 | Mo | 100 | $180 \pm 5$ | $29 \pm 1$ | 0.48 | 1.9 | 35 | 180 | $3.67 \cdot 10^{-6} \pm 0.4 \cdot 10^{-6}$ | 29 | 60 |
| 3 | Ag | 200 | | | | | | | $2.016 \cdot 10^{-6} \pm 0.1 \cdot 10^{-6}$ | 30 | 50 |

The fact that the characteristic X-rays (K or L lines) of the target element are emitted isotropically and the Bremsstrahlung radiation mainly in the plane perpendicular to the primary electron beam, is utilised in the construction of low power X-ray tubes. In consequence there are tubes with the transmission anode (the useful photon flux penetrates the thin anode) or with the scattering one (the useful flux consist of photons back-scattered from the thick anode). In the tubes with the transmission anode the heated cathode is the electron source, and the electron gun is used for focusing the electrons on the anode. The last one is placed on the beryllium window [3] or it is in the form of a thin foil inserted in the tube and electrically isolated from the window [4]. The scattering anodes are applied mainly in tubes with the cold cathode where the field emission is used for the electron beam generation [5].

The attempts to use protons for the X-rays generation are also known. However, the proton generators require the accelerating voltages of the order of 150 kV and are relatively large [6].

The works on the construction of low power X-ray tubes for XRF have been carried out in IPNT since 1972 and a tube with transmission anode has been made.

The tubes with various anodes were constructed in the Electronic Works UNITRA-LAMINA in Piaseczno. The results of investigations of exemplary models of these tubes are presented in this work.

## 2. Construction of the low power X-ray tube

The design of the X-ray tube made in IPNT is presented in the Fig. 1. The tube consists of two main parts: the electron source and the anode part. The television cinescope electron gun properly adapted is the electron source. The collimator in the shape of a cup (its bottom is the anode) has been attached to the metallic cylinder sealed into the glass tube. The anode and the collimator are made of the same metal of high purity (99.99%). The thickness of the anode is determined by technological requirements.

The parameters of the tubes are given in the Tab. 1.

## 3. Energy spectrum of the X-ray

The energy spectrum of the effective X-ray beam was measured with the use of the spectrometer consisted of a Si(Li) semiconductor detector and a multichannel analyzer. The resolution of the detector amounted to 180 eV for the $K_\alpha$ line of manganese (5.9 keV). The collimator of high purity silver plate was placed on the detector window. The collimator thickness was equal to 0.5 mm and the diameter of the hole amounted to 1 mm. The counting geometry is presented in the Fig. 2. The measurements were performed in the air, the tube-detector distance was equal to 61 cm for the tube with the copper anode and 91 cm for the silver and the molybdenum ones.

In the spectrum obtained from the tube with Cu anode for 15 kV anode voltage (presented in the Fig. 3) practically no Bremsstrahlung can be seen. In the Fig. 4, the two spectra obtained also for the tube with the copper anode for 18 kV and 23 kV anode voltage are compared. For 23 kV the high energetic "tail" of the spectrum is clearly seen. The appearance of

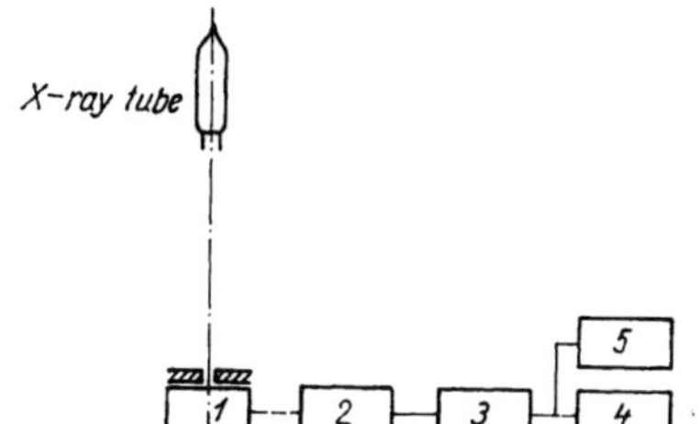


Fig. 2. Energy spectrum measurement of the X-rays
*1* — Si(Li)detector; *2* — Preamplifier; *3* — Amplifier; *4* — Multichannel analyzer; *5* — Scaler

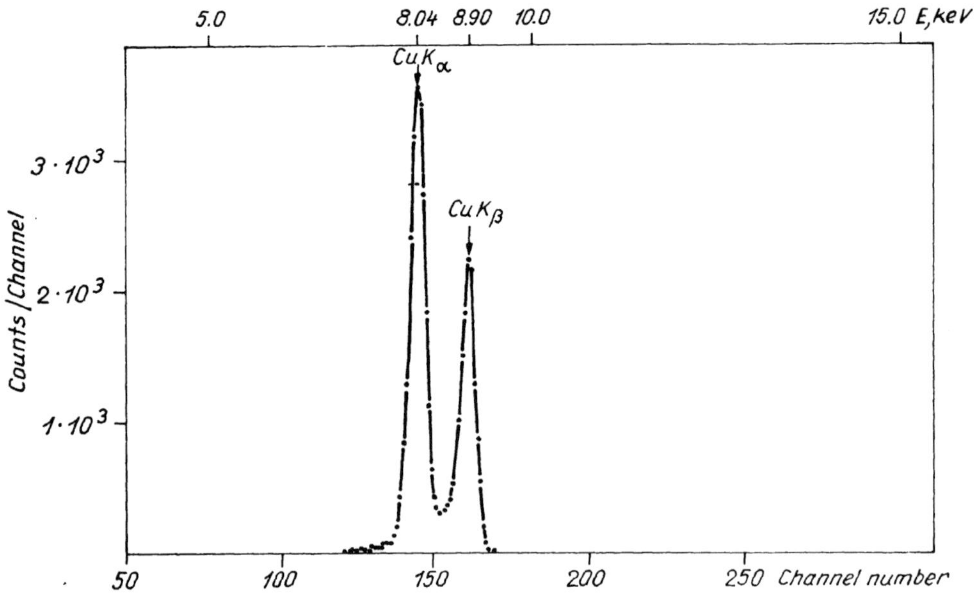


Fig. 3. X-rays energy spectrum of the tube with the Cu anode for the 15 kV anode voltage

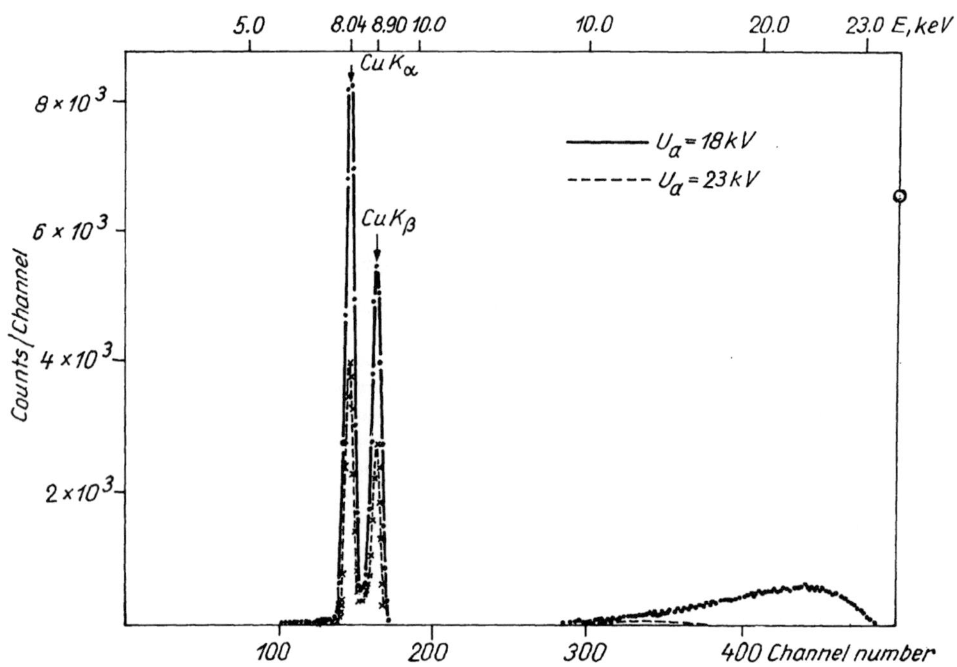


Fig. 4. Comparison of the X-rays spectra of the tube with the Cu anode for the 18 kV and 23 kV anode voltage

this "tail" can be explained as follows [6]. The range of electrons in the anode is very small and does not exceed several μm for electron energies up to several tens of keV. Thus one may assume that the Bremsstrahlung is generated on the anode surface. For the anode thicknesses of 100 μm or more, one may regard the anode as a transmission filter of the same thickness. The energy distribution of the Bremsstrahlung is given by the *Kramers* formula [8]:

$$\Delta N(E) = kZ \frac{E_0 - E}{E} \Delta E \tag{1}$$

where:

$\Delta N(E)$ — number of photons generated by one electron in the energy interval $E, E + \Delta E$,

$Z$ — atomic number of the target (anode) element

$k$ $= 2.76 \cdot 10^{-6}\ \mathrm{keV}^{-1}$ — constant determined by *Dyson* and quoted in [7],

$E_0$ — kinetic energy of the electron.

In the Fig. 7 the primary spectrum of Bremsstrahlung generated in the copper anode by 23 keV electrons, evaluated according to the formula (1) is presented. The X-rays attenuation by the 100 μm Cu anode, is presented in the Fig. 8. The Bremsstrahlung energy spectrum penetrating the anode is shown in Fig. 9. The high energy region of this spectrum resembles the spectrum in the Fig. 4, obtained experimentally for 23 kV anode voltage. The results obtained on the basis of so simple model are qualitatively compatible with the experiment.

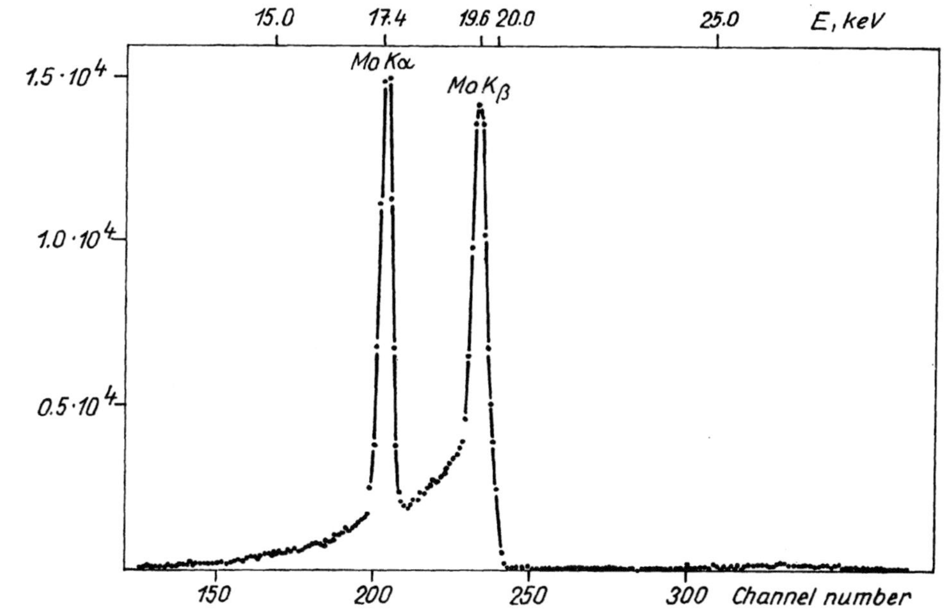


Fig. 5. X-rays energy spectrum of the tube with the Mo anode for the 29 kV anode voltage

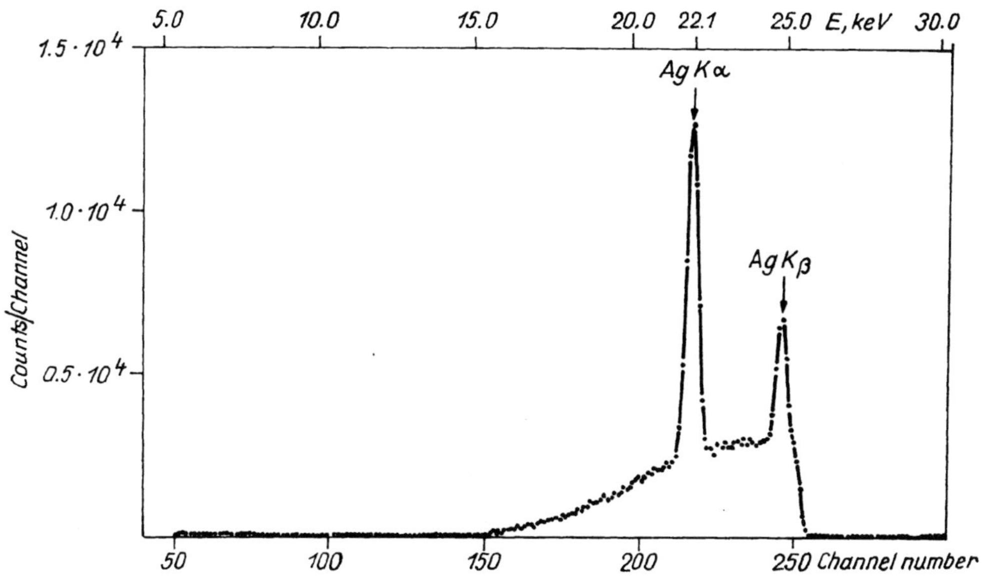


Fig. 6. X-rays energy spectrum of the tube with the Ag anode for the 30 kV anode voltage

In the spectrum corresponding to the Mo anode, shown in Fig. 5, both — the high — and the low-energy "tails" are seen. Instead, in the spectrum presented in Fig. 6, originating from the tube with the Ag anode, only the low energy "tail" of the Bremsstrahlung is seen.

The lack of the high energy region of the spectrum is caused by the relatively low anode voltage exceeding only by 4·5 kV the Ag photoelectric absorption threshold $K_{ab}$ (25·5 keV). In both these cases the anodes were too thin for the radiation spectrum be sufficiently pure in the low energy region.

## 4. Yield of the X-ray tubes

The absolute yield of the X-ray tubes was evaluated on the basis of the measurements of energy spectra. The absorption in the air and the dependence of the Si(Li) detector efficiency on the energy of the radiation were taken into consideration. The isotropic emission of photons in the 0·48 sr solid angle was assumed in the calculations. The results are inserted in the Tab. 1.

The comparative measurement of the tube with the Ag anode and of the $^{109}$Cd source of the 3·70 mCi activity was carried out. The tube and the source equipped with the Be window 0·2 mm thick were placed at the same distance of 91 cm in the Si(Li) detector axis. The tube operated at 30 kV anode voltage and 150 μA current.

The comparison of the obtained spectra indicates that the tube yield is about 370 times greater than the yield of the applied $^{109}$Cd source.

The dependence of the photon yield on the anode voltage for the tube with the Cu anode is shown (in arbitrary units) in Fig. 10. The anode current is the parameter of the curves. A strong depend-

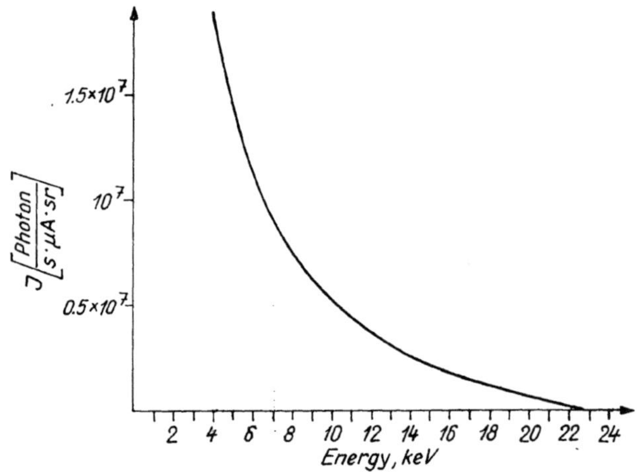


Fig. 7. Bremsstrahlung primary energy spectrum in the copper anode, evaluated from the *Kramers* formula for $U = 23$ kV

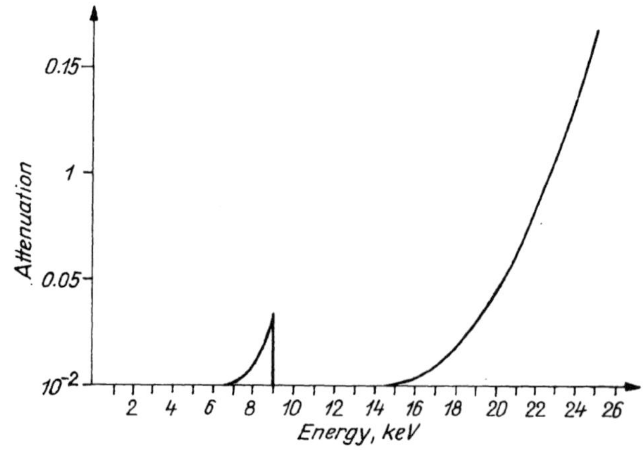


Fig. 8. The X-rays attenuation by the 100 μm Cu anode

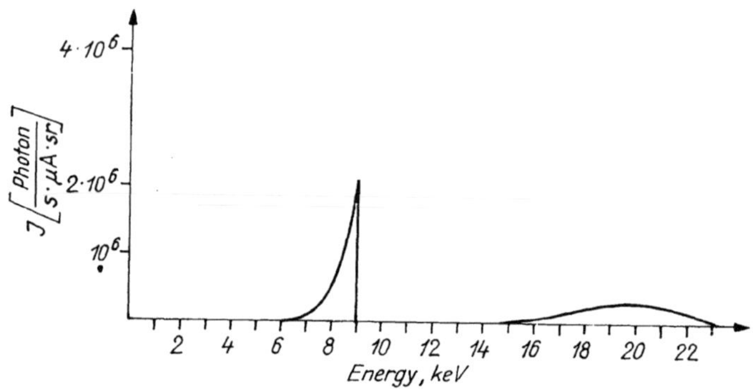


Fig. 9. Calculated Bremsstrahlung energy spectrum after copper filter 100 μm thick

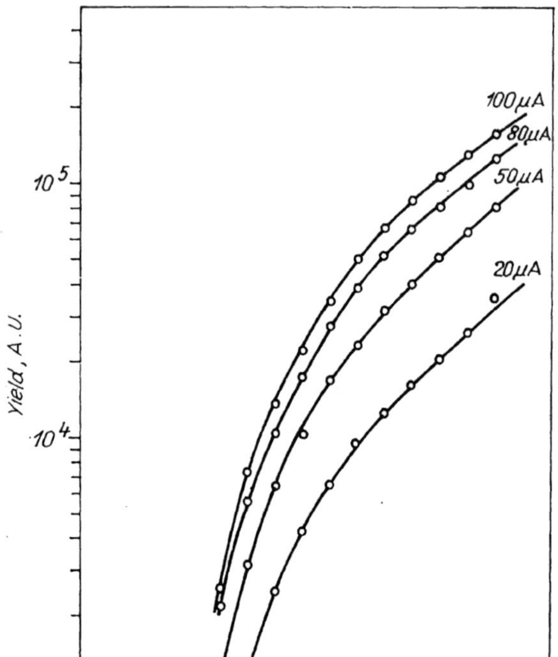


Fig. 10. Dependence of the yield of tube with the Cu anode on the anode voltage

ence of the yield on the anode voltage is to be noticed, instead the one on the anode current is linear.

## 5. Yield stability of the X-ray tube

The stability of the tube yield is determined by the supply voltages stability as well as by the vacuum quality in the tube. The *Cockroft-Walton* high voltage supply provided the anode with the voltage up to 35 kV. The measurement of the stability was carried out for the tubes with copper and silver anodes. In the first case the counting assembly consisted of a proportional counter, an amplifier, a single channel analyzer and a scaler. The detector was placed 50 cm from the anode on the tube axis. The pure aluminium collimator with the hole of 5 mm in diameter was put on the tube. The 100 s counting in the wide window covering the K lines of Cu was repeated each 5 minutes during 21·5 h. The results of measurements are presented in Fig. 11. Two results in 250 measurements, are out of the interval $\overline{N} \pm 3\sigma$, where $\overline{N}$ is the mean number of counts and $\sigma$ is the standard deviation of the number of counts $\overline{N}\left(\frac{\sigma}{\overline{N}} \cdot 100\% = 0{\cdot}7\%\right)$. It can be noticed, that the results of measurements fluctuate around successive short time mean values. These fluctuations may be explained by of the electronics temperature sensitivity depending from the twenty-four hours cyclic changes in the ambient temperature.

The results of the above measurements for the tube with the Ag anode are presented in the Fig. 12. The measurements lasted

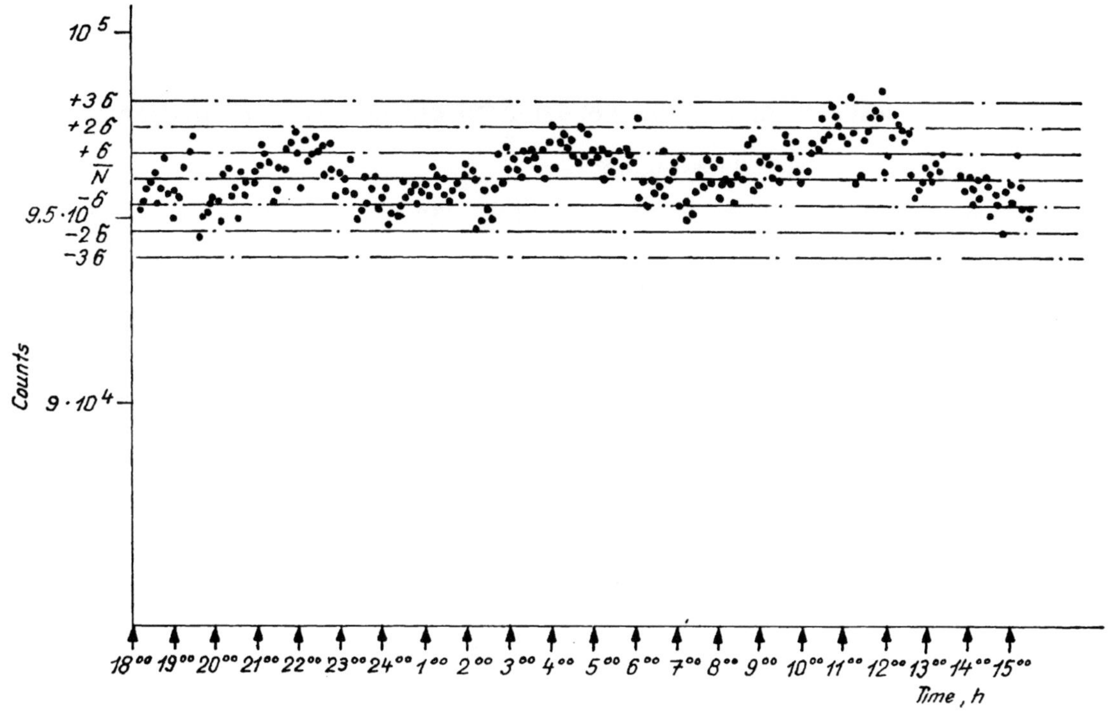


Fig. 11. Yield stability measurement of the tube with the copper anode

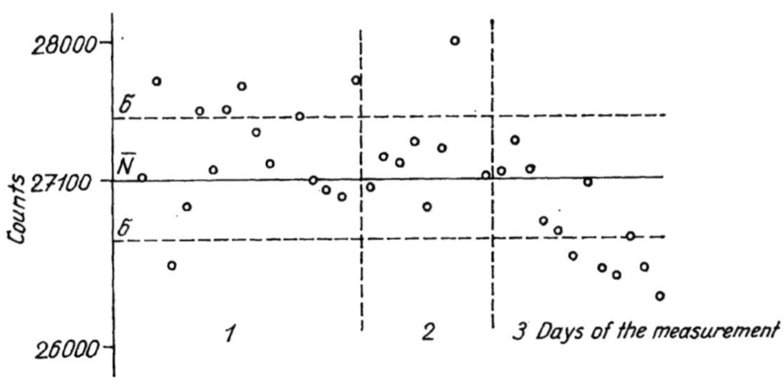


Fig. 12. Yield stability measurement of the tube with the silver anode

three days. Each day after the end of the counting the apparatus was switched off. One outlier from 37 measurements is not covered by the $3\sigma$ interval around the $\overline{N}\left(\frac{\sigma}{N}\cdot 100\% = 1{\cdot}5\%\right)$.

## 6. Life time of the tube

The constructed tubes proved to be well durable. Two tubes operated over 1500 h without any noticeable change of their parameters. Also no vacuum deterioration was observed after over 12 months of storage.

## 7. Conclusions

1. The miniature X-ray tube designed in the IPNT is a monoenergetic high yield source of X-rays of sufficient stability.

2. The approach of tube to the sample enables better use of the X-ray beam. However, the anode must be then on the ground potential and the electron source on the high negative potential. An adequate supply for this purpose was already constructed and now is subject to a series of tests.

## Acknowledgement

The authors take pleasure of thanking Mr. *I. Milosz* from the UNITRA-LAMINA for the assistance in the developing the X-ray tubes production technology and Dr. *A. Markowicz* for his help in the measurements preparation and carrying out.

Received May 2, 1979

## References

[1] *W. Heitler*, The Quantum Theory of Radiation, Oxford Clarendon Press 1954

[2] *И. Д. Дениск, Н. А. Чижунова*, Рентгеновские диагностические трубки и их тепловые режимы. Энергия. Москва 1970

[3] *Е. А. Аб, Н. И. Комяк, Л. А. Хуцишвили*, Аппаратура и методы рентгеноспектрального анализа 8 (1971) 169

[4] *J. M. Jaklevic, R. D. Giauque, D. F. Malone*, Advances in X-Ray Analysis 15 (1972) 266

[5] *T. van Vorous*, Advances in X-Ray Analysis 15 (1972) 276

[6] *A. A. Sterk*, Advances in X-Ray Analysis 8 (1965) 189

[7] *H. R. Zulliger, J. E. Stewart*, Advances in X-Ray Analysis 18 (1974) 278

[8] *M. Green, V. E. Cosslett*, Proc. Phys. Soc. 78 (1961) 1206

# Automatisierte γ-Spektrenaufnahme bei der Neutronenaktivierungsanalyse

*M. Kubsch, D. Peschke, E. Heinze, U. Herrmann, R. Stahlberg*

(Zentralinstitut für Festkörperphysik und Werkstofforschung der AdW der DDR, Methodisch-diagnostisches Zentrum, Dresden)[1])

*Es wird über eine neue technische Variante zur Automatisierung und Optimierung des Meßprozesses und Arbeitsablaufes bei der zerstörungsfreien Neutronenaktivierungsanalyse (NAA) berichtet. Die entwickelte Anlage ist für den vollautomatischen Wechsel von 40 Proben und variable Probe — Detektor — Abstände von 0 bis 700 mm ausgelegt. Der Zyklus Probenwechsel — γ-Spektrenaufnahme — Datenausgabe wird zentral gesteuert und überwacht. Die Datenausgabe erfolgt über Lochstreifen.*

**(B11) INIS DESCRIPTORS:**

automation; data acquisition; distance; gamma spectra; neutron activation analysis; nondestructive analysis; pneumatic transport; punched tapes; optimization; sample changers; specifications

In den vergangenen 10 Jahren ist in der Aktivierungsanalyse eine durchgängige Automatisierung insbesondere bei der Spektrenaufnahme und rechnergestützten Meßdatenreduktion und -verdichtung erreicht worden [1, 2]. Zur vollständigen Ausschöpfung der instrumentellen bzw. apparativen Möglichkeiten wurde es erforderlich, für den Transport und die Wechslung der radioaktiven Meßproben im Zyklus „Magazin — Meßstelle — Magazin" Apparaturen zu entwickeln, die ohne äußere Eingriffe einen vollständigen automatischen Meßablauf für Probenserien ermöglichen. Für die Entwicklung einer automatisierten Meßanordnung war zu berücksichtigen, daß im Vergleich zu dem bis dahin üblichen manuellen Probentransport und der gleichfalls von Hand ausgeführten Probenpositionierung hinsichtlich der Reproduzierbarkeit und wahlweisen Einstellung definierter Meßgeometrien erhöhte Anforderungen bestanden.

Im Gegensatz zu der breiten Anwendung der NAA für die Bestimmung von Spuren und Ultraspuren wird die Methode zunehmend zur Analyse von Haupt- und Nebenbestandteilen in Sonderstoffen eingesetzt, wenn

- keine anderen geeigneten Analysenmethoden zur Verfügung stehen,
- aufwendige chemische Verfahrensentwicklungen notwendig sind,
- der chemische Aufschluß der Proben schwierig ist,
- nur eine geringe Probenmenge verfügbar ist,
- die Probe für weitere Untersuchungen erhalten werden muß.

Ein wesentliches Anliegen dieser Arbeit war es, geeignete apparative Voraussetzungen zu schaffen, um bisher erreichte relative Fehler bei Haupt- und Nebenbestandteilen von 3—5% [3] durch Optimierung der Teilchritte Spektrenaufnahme und -auswertung weiter zu reduzieren.

Bei der Konzipierung der automatischen Probenwechseleinrichtung wurden folgende Ziele gestellt:

- vorwählbare präzise und reproduzierbare Einstellung der Meßgeometrie,
- Vermeidung bzw. Reduzierung der Hintergrundstrahlung durch räumliche Trennung von Probenmagazin und Meßsystem,
- Optimierung der Meßzeiten,
- Realisierung eines automatischen 24-Stunden-Betriebes,
- erweiterte Meß- und Probendatenausgabe für eine komplexe rechnergestützte Datenauswertung (z. B. Halbwertszeitkorrektur, Zählverlustausgleich u. a.),
- Verringerung der bisherigen Strahlenbelastung bei manueller Probenbeschickung des Meßsystems.

## Konzeption und Funktionsweise der Probenwechselautomatik

Ausgehend von einer Meßanordnung zur γ-Spektrenaufnahme mit manueller Probenwechslung und -justage, die aus einem Ge(Li)-Detektor (60 cm³), 1024-Kanalanalysator und Lochstanzer für die Spektrenausgabe bestand, wurden folgende apparative Ergänzungen entwickelt:

- Probenmagazin (Abb. 1)
- Rohrpostanlage (Abb. 1)
- Probenaufnahme und -positionierungssystem (Abb. 1)
- Steuersystem mit Meßparameterausgabe (Abb. 2)
- Havarieschutz.

In einem horizontal angebrachten Stangenmagazin (Abb. 3) werden die in Rohrpostcontainer konfektionierten Meßproben eingebracht. Bei Beginn eines Meßzyklus wird die Meßprobe pneumatisch in die Rohrpostleitung, die das Magazin mit dem Probenaufnahme- und Positionierungssystem verbindet, befördert. Die erforderliche Druckluft wird durch eine handelsübliche Luftdusche erzeugt. Nach Beendigung des Meßzyklus wird die Meßprobe über den gleichen Weg in die ursprüngliche Magazinposition zurückgeführt, und das Magazin wird um einen

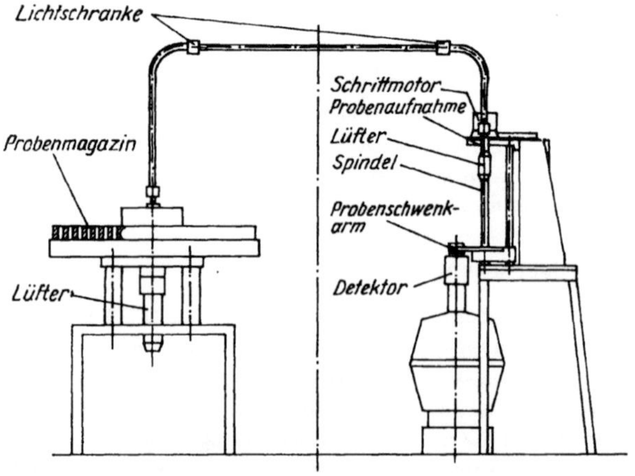


Abb. 1. Schematische Darstellung des automatischen Probenwechslers

[1]) Anschrift: 8027 Dresden, Helmholtzstraße Postfach

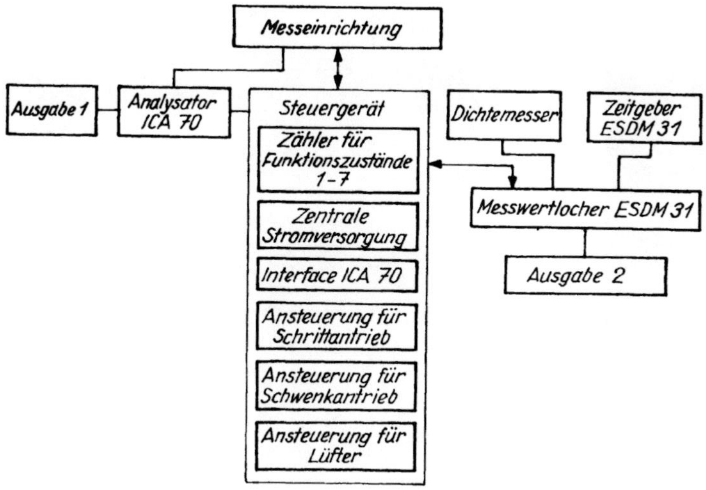


Abb. 2. Blockschaltbild des Meß- und Steuersystems mit Meßdatenausgabe

Abb. 3. Stangenmagazin

Schritt weiter gerückt. Nach einer Sicherheitspause von 10 Sekunden erfolgt der automatische Start der nächsten Probe.

Durch Lichtschranken werden beim Passieren von Proben Signale zum Abschalten der Druckluft erzeugt (Abb. 1). Außerdem dient das Lichtschrankensystem der Kontrolle des Probentransportes bzw. dem Havarieschutz. Überwacht und gesteuert werden die einzelnen Schritte zentral von der Steuereinheit.

Das Probenaufnahme- und Positionierungssystem ist eine der wesentlichsten Baugruppen des automatischen Probenwechslers (Abb. 4). Die Qualität des Systems beeinflußt entscheidend die erreichbare Reproduzierbarkeit der Meßgeometrie. Die von dem Probenmagazin via Rohrpost ankommenden Container fallen in die Probenaufnahme am Schwenkarm. Nach Ausschwenken der Probenaufnahme wird durch Rotation einer Spindel der Abwärtstransport der Meßprobe in die Meßposition ausgeführt. Der Antrieb der Spindel erfolgt durch einen Schrittmotor. Durch den Einsatz des Schrittmotors wird eine hohe Präzision bei der Einstellung des gewünschten Abstandes Meßprobe-Detektor und damit eine gut reproduzierbare Meßgeometrie erreicht.

Nach der γ-Spektrenaufnahme wird die Probenaufnahme durch Umkehrung des Drehsinns der Spindel nach oben geführt, der Schwenkarm eingeschwenkt, die diesseitige Luftdusche eingeschaltet und die Meßprobe in das Magazin zurückbefördert.

Der gewünschte Abstand Probe — Detektor ist vorwählbar. Der max. mögliche Stellweg beträgt 700 mm mit einer Auflösung von 0,1 mm. Nach Erreichung der vorgewählten Position wird die Aktivitätsmessung automatisch gestartet. Zusätzlich ist eine externe Steuerung des Meßabstandes vorgesehen, um für Proben mit unterschiedlichen Aktivitäten die gleiche Detektorrate erzeugen zu können.

Durch die zentrale Steuereinheit werden die Funktionen der einzelnen mechanischen und elektronischen Baugruppen überwacht, kontrolliert und gesteuert. Der Gesamtzyklus für eine Probenwechslung umfaßt folgendeTeiloperationen, die an der Steuereinheit optisch signalisiert werden:

1. Pneumatischer Probentransport vom Probenmagazin zur Meßeinrichtung
2. Ausschwenken der Probenaufnahme zur Positionierung
3. Positionierung
4. γ-Spektrenaufnahme und -ausgabe
5. Rücklauf der Probenaufnahme
6. Einschwenken des Schwenkarmes in die Rohrpost
7. Rücktransport der Meßprobe in das Probenmagazin und Weiterrücken des Stangenmagazins in die folgende Position.

Die Meßdatenausgabe für die Probenadresse, den Meßzeitpunkt (Datum; Uhrzeit), den Abstand Probe — Detektor und die Detektorrate erfolgt unmittelbar nach vollzogener Positionierung und dem Beginn der Spektrenregistrierung. Zu einem entsprechend späterem Zeitpunkt werden die Uhrzeit des Meßendes und das gespeicherte γ-Spektrum ausgegeben.

Treten im Ablauf des automatischen Meßzyklus Störungen auf, so werden nach 50 s das Steuergerät sowie weitere ausgewählte Baugruppen durch das Havarie- und Überwachungssystem von der Netzstromversorgung abgeschaltet und die Störung ferngemeldet.

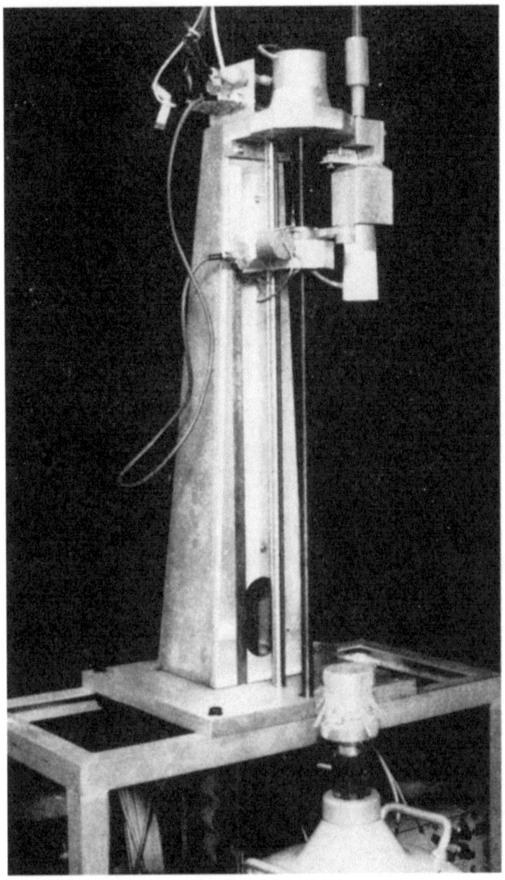

Abb. 4. Probenaufnahme- und Positionierungssystem in Meßstellung

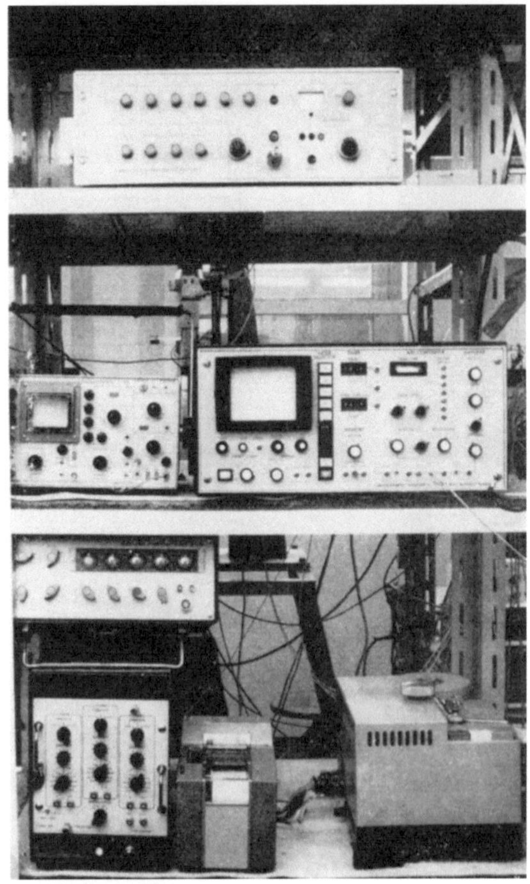

Abb. 5. Teilansicht des γ-Spektrometers

## Leistungsparameter der Probenwechselautomatik

Nachfolgend sind wesentliche technische Parameter der automatischen Probenwechseleinrichtung zusammengestellt:

| | |
|---|---|
| Kapazität des Magazins: | 40 Proben |
| Probentransport und -wechsel: | vollautomatisch |
| Vorwählbarer Stellbereich des Positionierungssystems: | 0 – 700 mm |
| Minimale Vorwahl für die Schrittweite: | 0,1 mm |
| Reproduzierbarkeit der Einstellung: | ±0,01 mm |
| Meßprogrammeingabe: | manuell |
| Meßdatenausgabe: | Lochstanzer<br>Drucker<br>X, Y-Schreiber |
| Dateninhalt: | Probenadresse<br>Kanalinhalte des γ-Spektrums<br>Meßbeginn<br>Meßende<br>Detektorrate<br>Abstand Probe – Detektor. |

Zur Überprüfung der Reproduzierbarkeit der Einstellung der Meßposition wurden nach Wiederholungsmessungen bei feststehender Geometrie, d. h. bei unverändertem Abstand zwischen Strahlungsquelle und Detektor, und bei für jede Messung neu eingestellter Geometrie die Meßergebnisse verglichen. Aus den Mittelwerten ergaben sich keine signifikanten Unterschiede.

Durch Verlängerung der Meßzeiten konnte die Reproduzierbarkeit bis um den Faktor 1,7 verbessert werden (Tab. 1).

Tab. 1. Verbesserte Reproduzierbarkeit durch Meßzeitverlängerung

| System | Konzentration Masse-% | Meßdauer min | $s_{rel}$ |
|---|---|---|---|
| Sb in Ni-Legierungen | 0,1 – 0,3 | 25 | 0,024 |
| | | 60 | 0,016 |
| Cr in Fe-Basis-Legierungen | 1 – 10 | 30 | 0,011 |
| | | 60 | 0,007 |
| Co in Sonderwerkstoffen | 50 – 60 | 20 | 0,009 |
| | | 60 | 0,005 |

Es ist darauf hinzuweisen, daß einerseits durch die begrenzte Speicherkapazität eine beliebige Verlängerung der Meßdauer nicht möglich ist und andererseits bei sehr langen Meßzeiten Geräteinstabilitäten die Reproduzierbarkeit wieder verschlechtern.

Durch den erreichten hohen Automatisierungsgrad für den Zyklus Probenwechsel – γ-Spektrenaufnahme – Datenausgabe – Datenauswertung konnte bei gleichem personellen Aufwand der Probendurchsatz um den Faktor 1,5 erhöht werden, wobei gleichzeitig eine bessere Reproduzierbarkeit der Analysenergebnisse erreicht werden konnte.

Eingegangen am 12. 6. 1979

## Literatur

[1] *F. Lux*, BMFT-FB4 73-27 (1973)
[2] *U. Herrmann, M. Kubsch, R. Stahlberg, W. Görner, S. Niese*, Isotopenpraxis **10** (1976) 380
[3] *M. Kubsch, U. Herrmann*, Vortrag auf der 2. Tagung Nukleare Analysenverfahren, Dresden, 1979, S. 276

# Versuche zum Einschluß von Insulin in Lecithin-Mikrovesikel unter Verwendung von $^{125}$J-Insulin und $^{131}$J-Lecithin als Indikatoren

*D. Sarrach, U. Lachmann, J. Zipper, J. Axt*

(Zentralinstitut für Isotopen- und Strahlenforschung, Bereich Strahlenquellen und Nuklearpharmaka[1]) und Institut für Wirkstofforschung[2]) der AdW der DDR)

*Eilecithin wurde durch Anlagerung von $^{131}$JCl markiert und simultan mit $^{125}$J-Insulin zur Untersuchung des Insulineinschlusses in Lecithin-Monoschichtliposomen eingesetzt. Durch Einwirkung von Ultraschall wurden insulinhaltige Mikrovesikel erhalten, die elektronenmikroskopisch sowie durch Gelchromatographie charakterisiert wurden. Die Ausbeute an gebundenem Insulin nahm mit steigender Insulinkonzentration auf einen mit dem eingeschlossenen Wasservolumen vergleichbaren Wert ab. Die Insulinzersetzung durch Ultraschall, deren markierte Hauptprodukte identifiziert werden konnten, wurde durch Lecithingegenwart stark herabgesetzt. Das gebundene Insulin erwies sich als immunologisch weitgehend intakt.*

## (B12) INIS DESCRIPTORS:

adsorption; aqueous solutions; autoradiography; decomposition; drugs; insulin; iodine 125; iodine 131; iodine chlorides; labelled compounds; labelling; lecithins; organic iodine compounds; particles; radiochromatography; sols; tracer techniques; ultrasonic waves

## Einführung

Beim Dispergieren von Lecithin in wäßrigen Lösungen werden Partikel von etwa 0,5 – 20 μ Durchmesser gebildet, in denen ein Wasserkern von einer konzentrischen Folge aus Lipid- und Wasserlamellen umschlossen wird (Multischichtliposomen, ML). Unter intensiver Einwirkung von Ultraschall entstehen daraus submikroskopische Teilchen, sogenannte Monoschichtliposomen oder Mikrovesikel (MV), deren Wasserkern von einer einzigen Phospholipiddoppelschicht eingeschlossen wird [1]. Aus der ursprünglich für die Modellmembranforschung entwickelten Möglichkeit, im Dispersionsmedium gelöste Moleküle in Liposomen einzuschließen [2], entwickelte sich in den letzten Jahren zunehmendes Interesse für ihre Erprobung als Wirkstoffträger (Überwindung biologischer Barrieren, Schutz vor Abbau, selektive Verteilung) [3]. Bei Ratten konnte mit an ML gebundenem Insulin bei oraler Applikation eine Blutzuckerverminderung erreicht werden, die bei freiem Insulin wegen Abbaus im Magen-Darmtrakt ausbleibt [4]. Jedoch entwickelten sich bislang ungeklärte Widersprüche über die für einen positiven Effekt notwendigen Bedingungen [5]. Wie bei anderen angestrebten Anwendungszielen von Liposomen als Träger für Pharmaka mangelt es an grundlegenden Kenntnissen über ihre Pharmakokinetik [6]. Nach Angaben von *Rapoport* [7] sollen insbesondere submikroskopische Lipidteilchen die Darmwand unzersetzt durchdringen können. Wir stellten uns daher die Aufgabe, insulinhaltige MV für ihren späteren Einsatz im Tierversuch herzustellen. Zur quantitativen Verfolgung beider Systemkomponenten sollten simultan zwei gut meßbare radioaktive Indikatoren eingesetzt werden. Da $^{125}$J-Insulin nach erprobten Verfahren zugänglich ist [8], bot sich $^{131}$J als im Zweikanal-$\gamma$-Spektrometer gut gleichzeitig meßbares zweites Nuklid an. In der Anlagerung von $^{131}$Jodchlorid an die ungesättigten Fettsäuren des Eilecithins sahen wir eine Möglichkeit zur Herstellung des benötigten Lecithinindikators.

## $^{131}$J-Lecithin

Erste Versuche zur Umsetzung von $^{131}$JCl mit Eilecithin in Chloroform und anschließende Extraktion von Jodid mit wäßriger Bisulfit- oder Thiosulfatlösung führten zwar zur Anreicherung von 80% der Aktivität in der Lecithinphase, lieferten aber sehr instabile Produkte, die sich schnell gelb färbten. Erst bei Verwendung einer wäßrigen Cysteinlösung als Reduktionsmittel trat dieser Effekt nicht mehr auf. Zur Markierung von JCl wurde in Gegenwart von $^{131}$Jodid aus KJ und $KJO_3$ Jod freigesetzt, in $CCl_4$ extrahiert und mit der berechneten Menge Chlorlösung in $CCl_4$ umgesetzt. Die Umsetzung mit Eilecithin erfolgte im Molverhältnis 0,3 bis 0,5:1. Die Dünnschichtchromatographie an Kieselgel zeigt im Autoradiogramm (Abb. 1C) dicht unterhalb des Lecithins (L) eine radioaktive Komponente, die etwa 25% der aufgetragenen Aktivität ausmacht und durch Molybdatreagenz nicht angefärbt wird. Da sie durch Kieselgel sehr stark

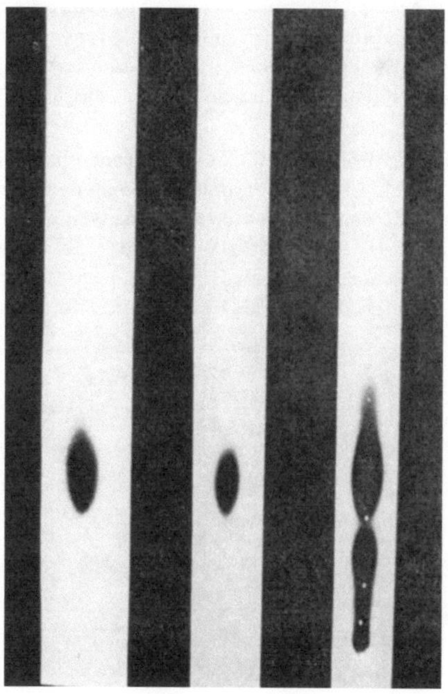

A B C

Abb. 1. Autoradiographie von Dünnschichtchromatogrammen von $^{131}$J-Lecithin
Bahn A: $CCl_4$-Lsg. des JCl-Anlagerungsproduktes, 2. Verfahren. Bahn B: An Kieselgel gereinigtes Produkt nach Verfahren 1. Bahn C: Rohprodukt aus Verfahren 1. Der Fleck des $^{131}$J-Lecithins fällt mit dem von inaktivem Eilecithin zusammen.

Anschriften: [1]) DDR-1115 Berlin-Buch, Lindenberger Weg 70; [2]) DDR-1136 Berlin-Friedrichsfelde, Alfred-Kowalke-Str. 4

adsorbiert wird, genügt eine Chromatographie an 3 g Kieselgel mit Methanol/Chloroform 1:4 mit 1% Wasser zur Isolierung von 99% reinem Lecithin (Abb. 1B). Dem Verwendungszweck entsprechend markierten wir bis zu einer spezifischen Aktivität von 3 µCi/mg Lecithin. Als Indikator für die folgenden Untersuchungen genügte davon ein Zusatz von weniger als 1% des eingesetzten inaktiven Lecithins. Die Verwendbarkeit der Indikatorlösung war bei Aufbewahrung im Tiefkühlschrank unter Argon nur durch den Aktivitätsabfall begrenzt.

Eine Vereinfachung des Markierungsverfahrens wurde in der Herstellung des $^{131}$JCl aus trägerfreier Na$^{131}$J-Lösung und käuflichem Jodmonochlorid in 85%igem Alkohol und Umsetzung mit alkoholischer Lecithinlösung gefunden. Nach Zusatz von $CCl_4$ und Ausschütteln mit Cysteinlösung wurde in mehr als 75%iger Ausbeute markiertes Lecithin mit ausreichender radiochemischer Reinheit gewonnen (Abb. 1A).

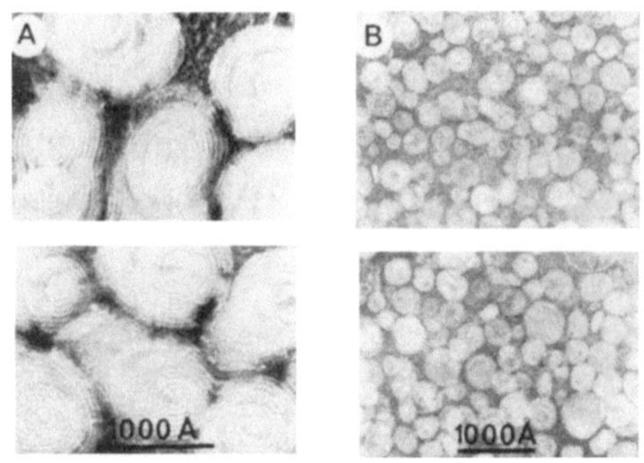


Abb. 3. Elektronenmikroskopische Darstellung insulinhaltiger *Multi*-(A) und *Monoschichtliposomen* (B) aus Eilecithin und Cholesterin in 0,02 m Trispuffer

Vergrößerung bei (A) 240000×, bei (B) 160000×

## Erzeugung von Lecithin-Mikrovesikeln in Gegenwart von Insulin

Zur Einbindung von Insulin in MV wurden wasserfreie Lipidmischungen aus 80 mol% Eilecithin und 20 mol% Cholesterin mit $^{131}$J-Lecithin nach eintägigem Stehen mit $^{125}$J-indizierter Insulinlösung unter Eiskühlung und Argon mit Ultraschall behandelt, bis relativ klare Dispersionen entstanden waren. Die Fraktionierung erfolgte in Analogie zu der für Lecithin-MV beschriebenen Weise [9] durch Chromatographie am Molekularsieb Sepharose 4B. Die Aktivitätsverteilung über die Säulenfraktionen (Abb. 2) zeigt drei Maxima, von denen I und II beide Nuklide enthalten, während im III. vornehmlich nur $^{125}$J auftritt. Peak III erscheint in derselben Position, in der auch freies unbeschalltes Insulin eluiert. Peak I entspricht dem Ausschlußvolumen der Säule und wird bei Chromatographie der größeren ML ausschließlich erhalten. Peak II weist eine ähnliche Position wie bei beschallten reinen Lecithindispersionen auf. Der Verteilungskoeffizient des Maximums entspricht bei einer Auswertung nach *Ackers* [10] etwa einem Teilchenradius von 165 ± 25 Å. Die Zuordnung wird durch elektronenmikroskopische Aufnahmen bestätigt (Abb. 3), die insbesondere für Fraktion II sphärische Partikel mit einem Radius von 100–300 Å zeigen.

Das Auftreten der $^{125}$J-Aktivität in der phospholipidhaltigen Fraktion wird durch Chromatographie an Sephadexgelen wie G-100 bestätigt, an denen Liposomen im Ausschlußvolumen eluiert werden. An der Sepharose-4-B-Säule ist das Verhältnis von $^{125}$J/$^{131}$J im Bereich des Peak II nicht konstant, sondern durchläuft im Bereich des $^{131}$J-Maximums ein Minimum. Bei einer erneuten Chromatographie dieser Fraktion an Sepharose 4B eluieren etwa 11% der vorher gebundenen $^{125}$J-Aktivität in der freiem Insulin zuzuordnenden Peakposition III.

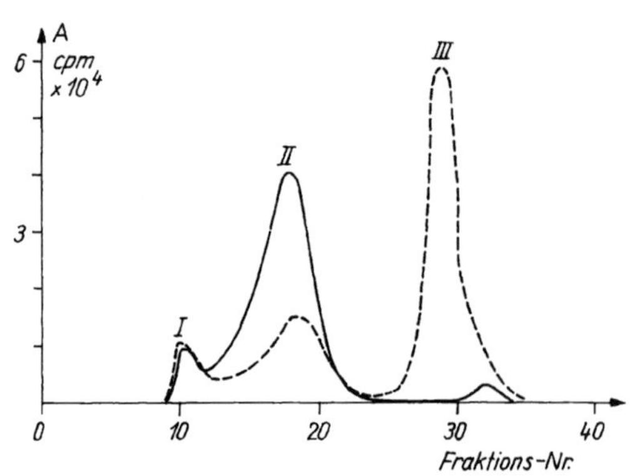


Abb. 2. Elutionsdiagramm von beschalltem Phospholipid-Insulin-Gemisch an Sepharose 4 B

——— $^{131}$J-Aktivität, – – – – $^{125}$J

## Insulinzersetzung durch Ultraschalleinwirkung

Um die Beständigkeit des eingesetzten Insulins im Ultraschallfeld zu überprüfen, bestimmten wir den mit Trichloressigsäure fällbaren Aktivitätsanteil in Abhängigkeit von der Beschallungsdauer unter vergleichbaren Bedingungen wie bei der Liposomenpräparation. Abb. 4A zeigt eine effektive Insulinzersetzung, die

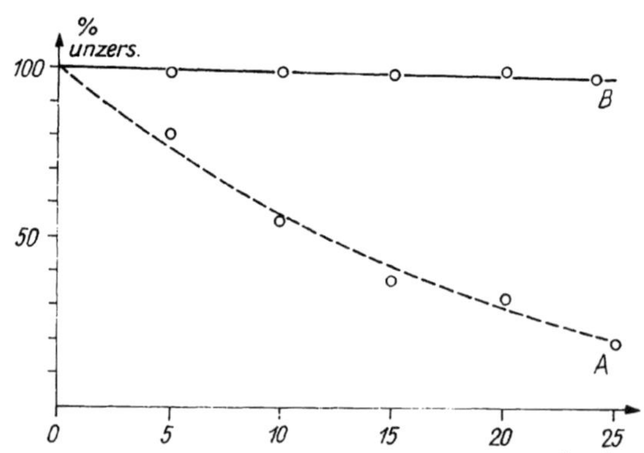


Abb. 4. Mit Trichloressigsäure fällbarer Aktivitätsanteil von markiertem Insulin als Funktion der Beschallungszeit

A. in Abwesenheit von Lecithin, B. in Lecithingegenwart beschallt

nach 25 min Beschallung 80% erreicht. Gelchromatographie an Sephadex G-25 liefert vergleichbare, etwas höhere Zersetzungsausbeuten. In Gegenwart von Lecithin verlief die Zersetzung langsamer und erreichte maximal 50% im nichtgebundenen Insulin. Zur Untersuchung des in der Liposomenfraktion enthaltenen Anteils wurde das Lipid in Gegenwart von Albumin mit Chloroform/Methanol extrahiert und nach Einengung im Vakuum eine ähnliche Analyse wie beim freien Insulin durchgeführt. Die Wiedererfassung der $^{125}$J-Aktivität betrug dabei 80%. Wie Abb. 4B zeigt, blieb die Zersetzung des gebundenen Insulins gering und erreichte in 25 min kaum 7%. Gelchromatographie an Epidex B-7,5 lieferte 70% der Aktivität im Insulinpeak und 25% im Ausschlußvolumen, also in einem höheren Aggregationszustand. Als radioaktive Hauptprodukte der Ultraschalleinwirkung wurden chromatographisch Jodid, Monojod- und Dijodthyrosin ermittelt (Tab. 1).

Tab. 1. Aktivitätsverteilung nach 25 min Beschallung

| | a) In Gegenwart von Lecithin | b) Ohne Lecithin |
|---|---|---|
| Insulin | 92% | 12% |
| Monojodthyrosin | 1% | 54% |
| Dijodthyrosin | 1% | 3% |
| Jodid | 6% | 27% |

Durch Desoxycholat wurden die Liposomen aufgelöst. An einer Sephadex-G-150-Säule wurde die $^{125}$J-Aktivität mit einem hohen Verteilungskoeffizienten nach dem Lecithinindikator eluiert. Nach Inkubation mit Insulin-Antiserum wurden dagegen über 60% des $^{125}$J im Ausschlußvolumen der Säule gefunden (Abb. 5).

Zur Bestätigung einer spezifischen Reaktion mit dem Insulin-Antiserum wurde die Verdrängung durch inaktives Insulin im Präzipitationstest untersucht. Insulinhaltige MV wurden im Desoxycholat gelöst und unter steigendem Zusatz von inaktivem Insulin mit Antiserum inkubiert. Abb. 6 zeigt den durch 86%-igen Alkohol fällbaren, also an Antikörper gebundenen Aktivitätsanteil als Funktion des zugesetzten inaktiven Insulins: Die Bindung wurde von fast 80% auf 4% verringert.

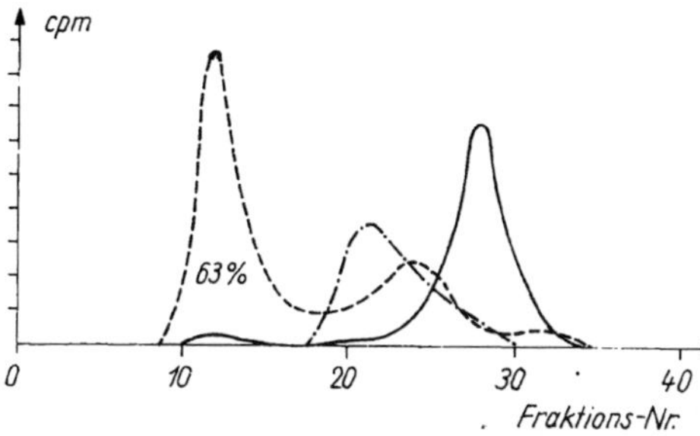


Abb. 5. Elutionsdiagramm der in Desoxycholat gelösten Insulin-$^{125}$J/Lecithin-$^{131}$J Liposomenfraktion an Sephadex G 150

—.—.—. $^{131}$J, ——— $^{125}$J, – – – – $^{125}$J-Aktivität desselben Gemisches nach Inkubation mit Insulin-Antiserum (geänderter Aktivitätsmaßstab)

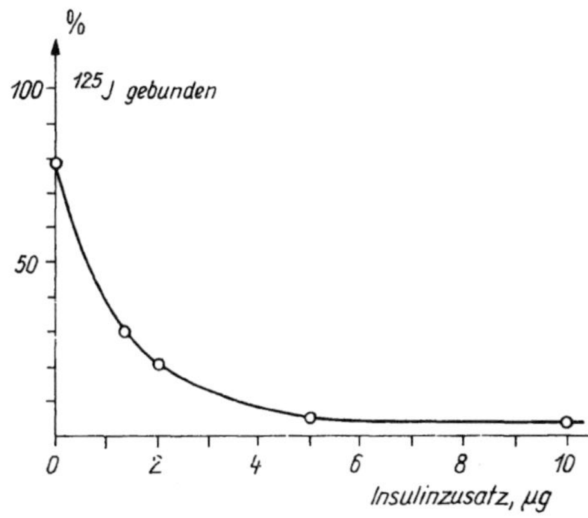


Abb. 6. Verdrängung des an Insulinantikörper gebundenen $^{125}$J-Anteils aus in Desoxycholat gelösten Insulin-$^{125}$J-Liposomen durch Zusatz von inaktivem Insulin

## Die Ausbeute an gebundenem Insulin

Bei einer Lecithinkonzentration von 30 mg/ml sank die Ausbeute A an liposomal gebundenem Insulin mit steigender Insulinkonzentration $c_I$ von über 90% im Nanogrammbereich unter 1,5% bei Insulinkonzentrationen von einigen Milligramm pro ml.

Im Bereich $c_I = 250$ µg/ml stieg die Ausbeute proportional der Lecithinkonzentration (20 bis 125 mg/ml) an. In neutral gepufferter 0,3–0,9%iger Kochsalzlösung als Dispersionsmedium wurde durch Zusatz von 10% Phosphatidsäure oder Stearylamin zur Fixierung von negativen bzw. positiven Ladungen an der Lecithinmatrix keine wesentliche Beeinflussung der Ausbeute verzeichnet. Im Hinblick auf die Struktur der MV als wassergefüllte Hohlkugeln erscheint die Berechnung eines spezifischen Insulineinschlußvolumens $v_e$ aus der Bindungsausbeute als aufschlußreich. Dieses fiktive Volumen kann als diejenige Menge an Insulinlösung der Ausgangskonzentration $c_I$ angesehen werden, die durch die Masseneinheit an Lecithin gebunden wird. Mit der in Form von MV vorliegenden Lecithinkonzentration $c_L$ ergibt sich $v_e$ aus der Einschlußausbeute $A$

$$v_e \approx A/c_L$$

Abb. 7 zeigt $v_e$ als Funktion der Ausgangskonzentration an Insulin. Nach anfänglich steilem Abfall strebt $v_e$ im Bereich hoher Insulinkonzentrationen einem Grenzwert von 0,9 ± 0,3 ml/mmol zu.

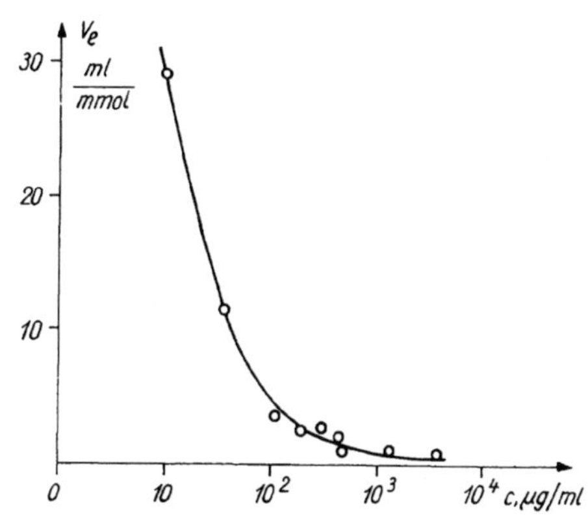


Abb. 7. Scheinbares Einschlußvolumen von Insulinlösung (in ml/mmol Lecithin) in Lecithin-Cholesterin-Monoschichtliposomen als Funktion der Insulinanfangskonzentration

## Diskussion

Durch die Herstellung von $^{131}$J-Lecithin stand ein geeigneter Indikator für den simultanen Einsatz neben $^{125}$J-Insulin zur Verfügung, um die Präparation insulinhaltiger Lecithin-MV zu untersuchen. Durch Beschallung von Phospholipidgemischen in Gegenwart von Insulinlösung wurden sphärische Kolloidteilchen erhalten, die nur unwesentlich größer waren als die in der Literatur beschriebenen Lecithin-Monoschichtliposomen. Die Partikel enthielten zum größten Teil immunaktives Insulin. Die geometrisch nicht interpretierbaren hohen Einschlußvolumina im Bereich niedriger Insulinkonzentrationen weisen auf adsorptive Bindung an die Lipidmatrix hin. Aus dem Elutionsverhalten an Sepharose 4B kann geschlossen werden, daß ein Teil des Insulins von der Partikeloberfläche langsam desorbiert wird. Der Hauptanteil wird jedoch erst bei Zerstörung der Teilchen wieder frei. Im Bereich hoher Insulinkonzentrationen scheint der Volumeneinschluß zu dominieren, während die adsorptive Bindung im Konzentrationsbereich um 100 µg/ml abgesättigt wird. Unter Annahme einer Hüllenschichtdicke von 32 Å und einem Flächenbedarf von 91 A$^2$ pro Lecithinmolekül in Gegenwart des angewandten Cholesterinzusatzes [11] kann für Liposomen mit einem Außenradius von 160 Å ein Einschlußvolumen von 0,91 ml/mmol Lecithin abgeschätzt werden, wobei sich eine gute Übereinstimmung mit dem Grenzwert des Insulineinschlußvolumens ergibt.

Auf der Grundlage der vorliegenden Untersuchungen konnten für den Einsatz im Tierversuch insulinhaltige MV mit 1–2 µg Insulin/mg Lecithin bei Konzentrationen bis zu 1,5 IE Insulin/ml präpariert werden. Die niedrige Präparationsausbeute macht jedoch weitere Untersuchungen des Einschlußmechanismus und seiner Beeinflußbarkeit erforderlich. Im Hinblick auf die angestrebte Nutzung von Liposomen als Transportformen für Pharmaka müssen auch der Schutz des Wirkstoffs vor reaktiven Komponenten des Außenmediums, die Bedingungen seiner Wiederfreisetzung sowie die Kolloidbeständigkeit derartiger Systeme genauer quantitativ untersucht werden.

## Experimenteller Teil

A. Lecithin wurde aus frischen Hühnereinern in Anlehnung an die Vorschrift von *Singleton* et al. [12] gewonnen. Zur Vermeidung von Oxydationsprozessen wurde unter Stickstoff sowie unter Zusatz von 0,015% Butylhydroxytoluol zu den Lösungsmitteln gearbeitet. Bei der Säulenchromatographie an Aluminiumoxid (Merck) wurde dünnschichtchromatographisch einheitliches Material erhalten. Phosphatidsäure wurde aus Eilecithin enzymatisch nach *Bangham* [2] hergestellt und chromatographisch an Kieselgel (Merck) gereinigt [13].

B. Zur Markierung mit $^{125}$J wurden 1,5 mg Schweineinsulin in 0,7 ml 0,1 m Trispuffer *p*H = 7,4 gelöst und 0,01 ml 0,001 m KJ sowie 0,01 ml Na$^{125}$J, etwa 1 mCi, zugesetzt. 50 s nach Zusatz von 0,05 ml Chloramin-T-Lösung (4 mg/ml) erfolgte Reduktion mittels 0,05 ml 0,1% Mercaptoäthanol. Nach Zusatz von 0,1 ml 0,1 m KJ wurde an 2,5 g Sephadex G 25 fraktioniert.
Zur Herstellung von $^{131}$J-Lecithin nach der vereinfachten Vorschrift wurde 0,2 ml Na$^{131}$J, etwa 1 mCi, in 1 ml abs. Alkohol gelöst, mit 0,003 ml JCl versetzt und 60 mg Lecithin in 2 ml Alkohol sowie 5 ml $CCl_4$ zugefügt. Nach 5 min wurde mit 4 ml Cysteinlösung (7 mg/ml) ausgerührt.

C. Die Beschallung erfolgte in einer hermetisch abgeschlossenen Glashülse unter Durchleiten von Argon mit dem Sonifier-B-12 von *Branson* (20 kHz) in 6–8 ml Lösung, in die der Standardresonator etwa 1 cm eintauchte. Bei Stufe 4,8 wurde unter Eiskühlung 8–10 min beschallt. Titan wurde durch Zentrifugation oder Filtration über ein 0,4 µ Membranfilter abgetrennt. Die Säulenfraktionierung erfolgte an Sepharose 4B (1,5 × 50 cm²) unter automatischer Sammlung von 2,5-ml-Fraktionen im Kühlraum.

D. Zur Lipidabtrennung wurden Liposomen mit gleichen Volumina an Methanol und Chloroform in Gegenwart von 0,5% Albumin extrahiert. Die Trennung von Jodid, Monojod- und Dijodthyrosin erfolgte durch Chromatographie an Sephadex G 25 mit 0,02 m Natriumacetat *p*H 6,3 [14]. Markierte Vergleichssubstanz stellten wir nach *Hallaba* et al. [15] her. Zur Untersuchung der Antikörperbindung wurden 2 ml doppelt fraktionierte Liposomen (6 mg Lecithin, 2 µg Insulin) mit 1 ml 2% Desoxycholat, *p*H = 8,3 gelöst. 0,1 ml Proben wurden mit 0,1 ml 0,1 m Trispuffer mit 0,3% Albumin, *p*H = 8,3, 0 bis 10 µg Insulin, mit 0,01 ml Antiserum 50 min inkubiert, mit 2,5 ml 86% Alkohol gefällt, zentrifugiert und die Niederschläge gemessen. Die Säulenchromatographie an Sephadex G 150 (0,9 × 30 cm²) erfolgte mit 0,5% Desoxycholat 0,3% NaCl *p*H = 8,3.

E. Aktivitätsmessungen wurden mit dem Bohrlochszintillationsdetektor am Zweikanal-Gammaspektrometer „Gammaset 500“ von ICN durchgeführt und mit dem Kleinrechner „Wang 600“ ausgewertet[1]).

F. Für die elektronenmikroskopische Darstellung wurde die Liposomensuspension jeweils auf mit Zaponlack befilmte Objektträger (TESLA mesh 300) getropft und der Überstand nach 1 min abgesaugt. Nach Trocknung der Präparate bei Raumtemperatur erfolgte eine Kontrastierung durch Überschichten mit 2%igem Ammoniummolybdat für 1 min.

Eingegangen am 23. 5. 1979

## Literatur

[1] *D. Chapman, D. J. Fluck, S. A. Penkett, G. G. Shipley*, Biochim. Biophys. Acta **163** (1968) 255
[2] *A. D. Bangham, M. W. Hill, N. A. G. Miller*, Preparation and Uses of Liposomes as Models of Biological Membranes. Methods in Membrane Biology, Vol. I, *D. Korn* Ed., New York 1974, S. 1–68
[3] *D. A. Tyrrell, D. T. Heath, C. M. Colley, B. E. Ryman*, Biochim. Biophys. Acta **457** (1976) 259
[4a] *H. M. Patel, B. E. Ryman*, FEBS Lett. **62** (1976) 60
[4b] *G. Dapergolas, G. Gregoriadis*, Lancet (1976) 824
[5] *H. M. Patel, B. E. Ryman*, Biochem. Soc. Trans. **5** (1977) 1054
[6] *R. E. Pagano, J. N. Weinstein*, Ann. Rev. Biophys. Bioengn. **7** (1978) 458
[7] *S. M. Rapoport*, Medizinische Biochemie, 5. Aufl. VEB Verlag Volk u. Gesundheit, Berlin 1969, S. 328
[8] *R. S. Yalow, S. A. Berson*, Methods Biochem. Analys. **12** (1964) 69
[9] *C. Huang*, Biochemistry **8** (1969) 344
[10] *G. K. Ackers*, J. Biol. Chem. **242** (1967) 3237
[11] *A. Forge, P. F. Knowles, D. Marsh*, J. Membrane Biol. **41** (1978) 241
[12] *W. S. Singleton, M. S. Grey, M. L. Brown, J. L. White*, J. Amer. Oil Chem. Soc. **42** (1965) 53
[13] *G. Hübscher, B. Clark*, Biochim. Biophys. Acta **41** (1960) 45
[14] *E. H. Mongey, J. W. Mason*, Analyt. Biochem. **6** (1963) 223
[15] *E. Hallaba, H. El-Asray, Y. Abou Zeid*, Internat. J. Appl. Rad. Isot. **21** (1970) 107

[1]) Wir danken Herrn Dr. *Heinz Schmidt* für die Aufstellung der Rechenprogramme.

# Экстракция лантанидов третичными аминами и четвертичными аммониевыми основаниями из азотнокислых растворов

*Я. Жилкова, В. Единакова, Я. Цибулкова*

(Пражский химико-технологический институт, кафедра технологии ядерного горючего и радиохимии, Прага)[1])

*При исследовании выделения* La(III), Eu(III) *и* Gd(III) *и их отделения от некоторых других солей металлов из азотнокислых растворов экстракцией бензилдиалкиламинами и бензилтриалкиламмониевыми основаниями при концентрации азотной кислоты 0,5 М и выше в присутствии высаливателей были получены следующие результаты: При экстракции бензилдиалкиламинами в условиях выше упомянутых концентраций азотной кислоты коэффициенты распределения значительно выше, чем у триалкиламинов. Самым эффективным является бензилдибутиламин, у которого коэффициенты распределения лантанидов около десяти, что является величиной почти в 1000 раз большей, чем коэффициенты распределения у триалкиламинов. При выделении лантанидов четвертичными бензилтриалкиламмониевыми основаниями коэффициенты распределения еще выше чем у третичных бензил-производных.*

*Коэффициенты разделения* Eu/Cs, Eu/Sr, Eu/Fe *и* Eu/Zr *достигают величин от сотен до тысяч, у* Eu/Al, Eu/Ca *и* Eu/Mg *величин выше тысяч.*

*Экономические параметры этих бензилдиалкиламинов и четвертичных оснований (цена их синтезирования в промышленном масштабе) выгодны для их использования в гидрометаллургии и при разделении лантанидов от некотрых продуктов облученного ядерного топлива в ядерной технологии.*

**(B12) INIS DESCRIPTORS:**

amines; ammonium compounds; aromatics; cesium compounds; distribution functions; eutropium compounds; fission products; gadolinium compounds; lanthanum compounds; nitrates; nitric acid; rare earths; solvent extraction; spent fuels; strontium compounds; zirconium compounds

Исследование возможности выделения лантанидов третичными аминами и четвертичными аммониевыми основаниями показало, что триалкиламин или тетраалкиламмониевые основания не выгодны для извлечения трехвалентных редкоземельных элементов (РЗЭ) из кислых растворов. Коэффициенты распределения лежат не выше 0,1 даже при очень низких концентрациях азотной кислоты (ниже 0,1 *моль/л*) и в присутствии большой концентрации высаливателей в водной фазе. Если проводить экстракцию этих элементов из растворов, где концентрация азотной кислоты достигает 0,5 *моль/л* и выше, то триалкиламины и четвертичные тетраалкиламмониевые основания не являются достаточно эффективными, применение ТБФ так же не является оптимальным решением.

Целью нашей работы было исследовать использование четвертичных аммониевых оснований и использование таких аминов, у которых основность была бы ниже третичных алкиламинов, но остальные свойства оставались неизменными-так например низкая растворимость в водной фазе, избирательность, обусловленная стерическими факторами итд.

На основе констант Тафта для разных заместителей был выбран радикал бензил, у которого эти константы достигают положительных величин. У бензилдиалкиламинов например величина основности приближается к вторичным аминам (Таб. 1.).

Поэтому были использованы для экстракции лантанидов из азотнокислых растворов бензилдиалкиламины с разной длиной алкилрадикалов — бензилдиетиламин (BDEA), бензилдибутиламин (BDBuA), бензилдигексиламин (BDHeA), бензилдинониламин (BDNA) и бензилтриалкиламмониевые нитраты-бензилдиметил — лауриламмониевый нитрат ($BDMLANO_3$) и бензилтриоктиламмониевый нитрат ($BTOANO_3$).

Таб. 1. Величины pK бензилдиалкиламинов в 90% этаноле

| Амин | pK |
|---|---|
| бензилдиетиламин | 6,65 |
| бензилдибутиламин | 6,98 |
| бензилдинониламин | 7,08 |
| три-н-октиламин | 7,53 |

В этих системах была исследована экстракция вышеуказанных элементов в зависимости от концентрации кислоты, металла, природы и концентрации высаливателей и экстрагента. На основе полного химического анализа органической фазы, исследования ассоциации этих аминов и их солей, а также изучения возможности разделения Eu от Cs, Sr, Zr, Fe, Al, Mg и Ca можно было сделать следующие заключения.

Использованными в нашей работе бензилдиалкиламинами и бензилтриалкиламмониевыми основаниями можно экстрагировать лантаниды из азотнокислых растворов с оптимальной концентрацией азотной кислоты от 0,5 *моль/л* до 0,7 *моль/л* [1], причем у всех перечисленных экстрагентов коэффициенты распределения выше чем у триалкиламинов [2]. Все дальнейшие исследования экстракции лантанидов были проведены при концентрации 0,5 *M*.

По зависимости экстракции трехвалентных лантанидов от кислотности, концентрации высаливателя

[1]) Адрес: ČS-16628 Praha, Suchbátarova 5, ČSSR

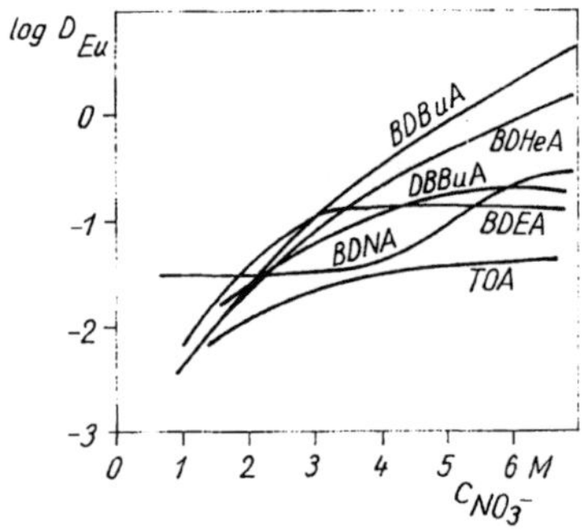


Рис. 1. Коэффициенты распределения солей европия 0,5 *M* BDEA, BDBuA, BDHeA, BDNA, DBBuA, TOA в $C_6H_6$ в зависимости от концентрации высаливателя в водной фазе

($c^0_{Eu}$ = 3 *г/л*, $c^0_{HNO_3}$ = 0,5 *M*)

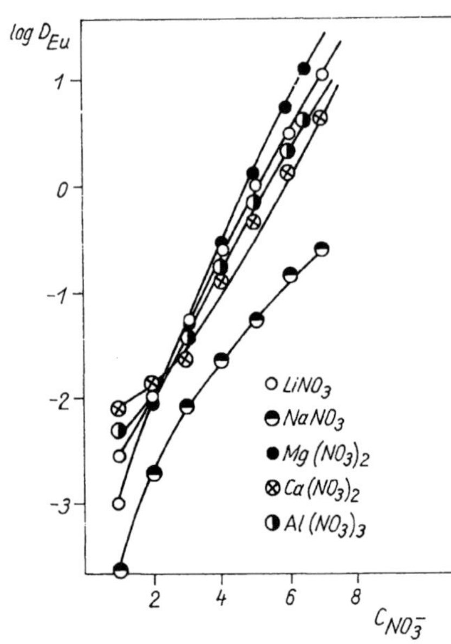


Рис. 2. Коэффициенты распределения Eu при экстракции 0,5 *M* HNO в $C_6H_6$ в зависимости от концентрации высаливателя в водной фазе

($c^0_{HNO_3}$ = 0,5 *M*, $c^0_{Eu}$ = 3 *г/л*)

○ $LiNO_3$ ◓ $NaNO_3$ ● $Mg(NO_3)_2$ ⊗ $Ca(NO_3)_2$ ◑ $Al(NO_3)_3$

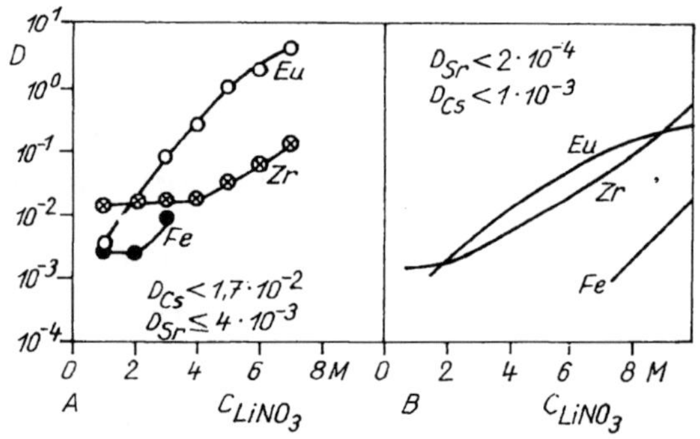


Рис. 3. Коэффициенты распределения солей некоторых элементов при экстракции 0,5 *M* BDBuA в $C_6H_6$ (A) и Адогена 336 в диэтилбензоле (B) [2] в зависимости от концентрации высаливателя в водной фазе

A: $c^0_{HNO_3}$ = 0,5 *M*, $c^0_{Eu}$ = 3 *г/л*, $c^0_{Cs}$ = 1 *г/л*, $c^0_{Sr}$ = 1 *г/л*, $c^0_{Fe}$ = 2 *г/л*, $c^0_{Zr}$ = 2 *г/л*

B: $c^0_{HNO_3}$ = 0,1 *M*, $c^0_{Me}$ = 0,1 *M*

итд. лучшим третичным амином оказался бензилдибутиламин (Рис. 1), у которого коэффициенты распределения лантанидов почти 1000 раз выше чем у триалкиламинов даже при более высокой концентрации азотной кислоты 0,5 *моль/л*.

При экстракции Eu из растворов 0,5 *M* $HNO_3$ было исследовано влияние типа высаливателя на величины коэффициентов распределения (Рис. 2). Если сравнить $NaNO_3$, $LiNO_3$, $Ca(NO_3)_2$, $Mg(NO_3)_2$ и $Al(NO_3)_3$, то высаливающая способность у этих солей приблизительно одинакова кроме нитрата натрия, где величина коэффициентов распределения ниже.

Низкая цена и высокое значение коэффициентов распределения рекомендуют практическое использование в качестве высаливателей $Mg(NO_3)_2$ и $Ca(NO_3)_2$.

С помощью бензилдибутиламина была исследована возможность разделения РЗЭ в азотнокислой среде от некоторых других продуктов деления, например Cs, Sr, Zr и Fe (Рис. 3).

Таб. 2. Коэффициенты разделения Eu/Me при экстракции 0,5 *M* BDBuA в $C_6H_6$ из водных растворов с концентрацией 0,5 *M* $HNO_3$

($c^0_{Eu}$ = 3*г/л*, $c^0_{Cs}$ = 1 *г/л*, $c^0_{Sr}$ = 1*г/л*, $c^0_{Fe}$ = 2*г/л*, $c^0_{Zr}$ = 2*г/л*)

| концентрация высаливателя | коэффициенты разделения | | | |
|---|---|---|---|---|
| | Eu/Cs | Eu/Sr | Eu/Fe | Eu/Zr |
| 3 *M* $LiNO_3$ | 11,7 | 55 | 13,9 | 7,4 |
| 6 *M* $LiNO_3$ | 168 | 714 | — | 43 |
| 7 *M* $LiNO_3$ | 500 | 2450 | — | 74 |

Таб. 3. Характеристические NH полосы поглощения в инфракрасном спектре и NH химический сдвиг в ЯМР нитратов третичных аминов

| соль | $\nu_{NH}$, $cm^{-1}$ | $\delta_{NH}$ ppm | литература |
|---|---|---|---|
| $(BDBuA \cdot HNO_3)_x$ | 2460 | 9,35 | эта работа |
| $(BDBuA \cdot NHO_3)_x$ | | | |
| $[(BDBuA)_2Eu(NO_3)_5]_y$ | 2700 | — | эта работа |
| $(TOA \cdot HNO_3)_3$ | 2600 | 9,6 | [3] |

Коэффициенты разделения Eu/Me у всех этих элементов достигают высоких величин (Таб. 2), а коэффициенты разделения Eu/Al, Eu/Ca даже величин тысяч и выше.

Криоскопическим и осмометрическим методом была изучена ассоциация аминов и ассоциация солей BDBuA $\cdot HNO_3$ в растворителе. Прочность водородной связи инфракрасными и ЯМР спектрами (Таб. 3). С повышением средней степени ассоциации наступает понижение прочности NH-связи, как показывают ЯМР и инфракрасные спектры (Таб. 3), где смещение валентной частоты у нитрата BDBuA составляет около 40 $см^{-1}$ в направлении увеличения величин частот.

Это находится в согласии с фактом, что с повышением средней степени ассоциации у этих солей понижается прочность NH-связи [3]. Еще большее понижение прочности NH-связи происходит в ассоциатах солей BDBuA с нитратом европия.

При экстракции лантанидов четвертичными аммониевыми солями мы обратили внимание главным образом на использование нитратов бензилтриалкиламмония.

Экстракция лантанидов повышается с концентрацией высаливателей (Рис. 4). Если сравнить высаливающую способность, то величины коэффициентов распределения при сравнительных концентрациях ионов $NO_3^-$ у $LiNO_3$, $Ca(NO_3)_2$ и $Mg(NO_3)_2$ одинакова. У нитрата натрия как у третичных бензилдиалкиламинов коэффициенты распределения ниже.

Кроме выше упомянутых Eu(III) и La(III) мы занимались экстракцией и других лантанидов (Рис. 5).

Таб. 4. Коэффициенты разделения лантанидов при экстракции 0,5 *M* $BDMLANO_3$ в бензоле

| $c^0_{LiNO_3}$ | La-Ce | Ce-Pr | Pr-Sm | Sm-Eu | Eu-Gd | Gd-Ho |
|---|---|---|---|---|---|---|
| 2,0 | 2,5 | 1,2 | 10 | 1,66 | 1,5 | 2 |
| 3,0 | 1,34 | 1,56 | 9,1 | 2,1 | 1,46 | 1,5 |
| 4,0 | 7,4 | 0,98 | 12 | 2,30 | 1,00 | 1,46 |
| 5,0 | . | 1,53 | 12 | 2,47 | 0,88 | 1,13 |
| 6,0 | . | . | . | 1,97 | 0,85 | 0,89 |
| 7,0 | . | . | . | 2,5 | 0,44 | 0,78 |

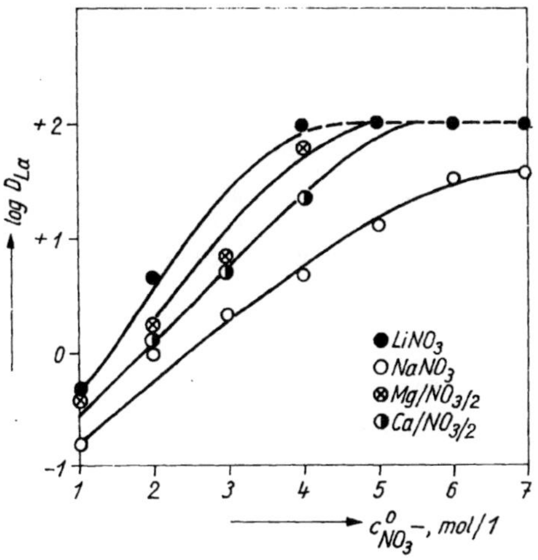


Рис. 4. Коэффициенты распределения La при экстракции 0,5 *M* $BDMLANO_3$ в $C_6H_6$ в зависимости от концентрации и вида высаливателя

($c^0_{HNO_3}$ = 0,3 *M*, $c^0_{La}$ = 0,05 *M*)

○ $LiNO_3$ ◓ $NaNO_3$ ● $Mg(NO_3)_2$ ⊗ $Ca(NO_3)_2$

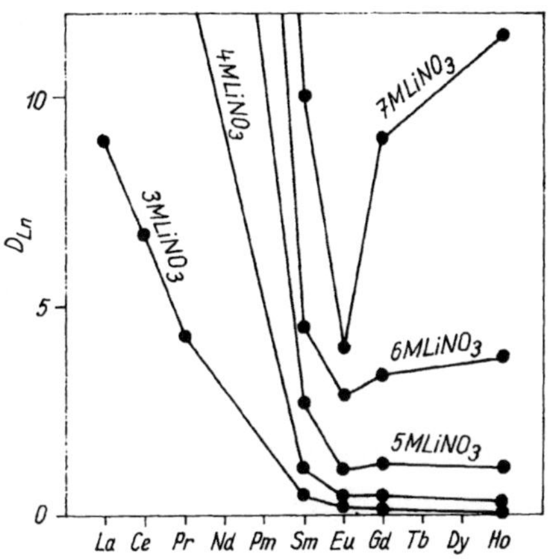


Рис. 6. Коэффициенты распределения лантанидов при экстракции 0,5 *M* $BDMLANO_3$ в $C_6H_6$ в зависимости от атомного числа при разных концентрациях $LiNO_3$

($c^0_{HNO_3}$ = 0,3 *M*, $c^0_{Ln}$ = 0,05 *M*)

Ln = La, Ce, Pr, Sm, Eu, Gd, Ho

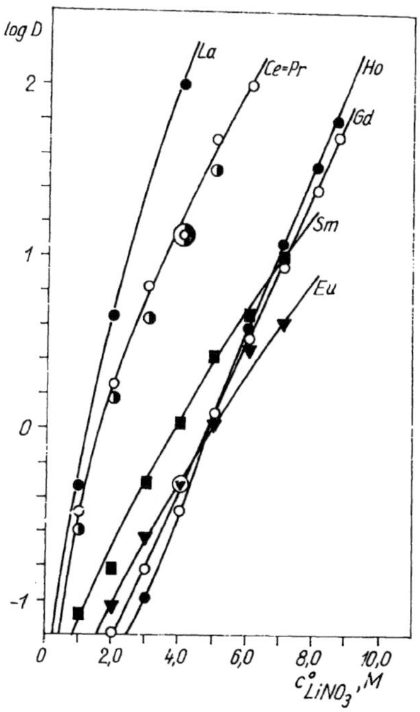


Рис. 5. Коэффициенты распределения Ln и некоторых лантанидов 0,5 *M* $BDMLANO_3$ в $C_6H_6$ в зависимости от концентрации $LiNO_3$ в одной фазе.

($c^0_{HNO_3}$ = 0,3 *M*, $c^0_{Ln}$ = 0,05 *M*)

Ln = La, Ce, Pr, Sm, Eu, Gd, Ho

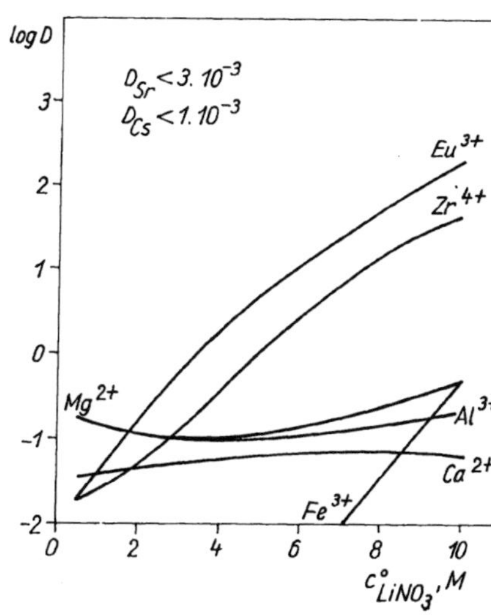


Рис. 7. Коэффициенты распределения некоторых элементов при экстракции 0,1 *M* Адоген 464 (в 97 % диэтилбензоле +3 % тридеканоле) в зависимости от концентрации $LiNO_3$ в водной фазе.

($c^0_{HNO_3}$ = 0,2 *M*, $c^0_{Me}$ = 0,01 *M*)

При экстракции $BDMLANO_3$ появляется разница между группой лантана и легких лантанидов и средне тяжелых. У нитратов La(III), Ce(III) и Pr(III) коэффициенты распределения выше чем у нитратов Sm(III), Eu(III) Gd(III) и Ho(III). Этот факт можно использовать для группового разделения лантанидов, как показывают вычисленные коэффициенты разделения (таб. 4).

Из этих данных были вычислены коэффициенты разделения. Самый большой коэффициент разделения (около десяти) был найден у Pr и Sm.

При этом показывается возможность разделения лантанидов экстракцией даже при низкой концентрации высаливателей, где проходит экстракция La(III)), Ce(III) и Pr(III) и значительное количество Sm(III), Eu(III), Gd(III) и Ho(III) остается в водной фазе (Рис. 6).

Из литературных данных известно, что тетраалкиламмониевые основания (как например Адоген 464 [2]) выгодны для выделения трехвалентных лантанидов в то время, как другие продукты облученного ядерного топлива и продукты коррозия не экстрагируются ($Cs^+$, $Sr^{2+}$, $Fe^{3+}$)) или по сравнению с лантанидами мало ($Zr^{4+}$) (Рис. 7).

При экстракции выше упомянутых продуктов $BDMLANO_3$ из азотнокислых растворов коэффициенты разделения Eu/Cs, Eu/Sr, Eu/Fe одинаковы и достигают величин порядка сотен и тысяч, у Eu/Zr величин от 7 до 11.

### Выводы

1. При использовании бензилдиалкиламминов и бензилтриалкиламмониевых солей для экстракции лантанидов из азотнокислых растворов можно исходит из водных растворов с концентрацией азотной кислоты 0,5 *M* и выше. Самые лучшие результаты были получены с BDBuA и бензилдиметиллауриламмониевым нитратом. Соответствующие коэффициенты распределения лантанидов почти 1000 раз выше чем в случае триалкиламинов.
2. Коэффициенты разделения Eu/Cs, Eu/Sr, Eu/Zr, Eu/Fe, Eu/Al, Eu/Ce, Eu/Mg при оптимальном составе фаз достигают величин сотен и выше.
3. Цена синтетизирования указанных экстрагентов в промышленном масштабе не является препятствием для их практического использования.

Поступила в редакцию 14/III, 1979 г.

### Литература

[1] *V. Jedináková*, P-4254-76, 28. 6. 1976, ČSSR patent
[2] *F. G. Seeley, D. J. Crouse*, J. Chem. Engn. Data 16 (1971) 393
[3] *V. Jedináková, E. Hogfeldt*, Chemica Scripta 9 (1976) 178

# Untersuchungen zum Verhalten der anorganischen Formen des Radiojods beim Wärmeträgerverlust eines Druckwasserreaktors

*M. Alm*

(Staatliches Amt für Atomsicherheit und Strahlenschutz, Außenstelle Lohmen)[1])

*R. Dreyer*

(Technische Universität Dresden, Sektion Chemie)[2])

*Das Verhalten der anorganischen Formen des Radiojods beim Wärmeträgerverlust eines Druckwasserreaktors wurde im Labormaßstab unter simulierten Bedingungen untersucht. Zum Einsatz kam eine Druckentlastungsapparatur, bestehend aus einem Autoklaven zur Simulierung der Primärkreisbedingungen und einem Entspannungsgefäß zur Simulierung der Wärmeträgerverlustbedingungen. Bis zu 43 Tagen nach der Druckentlastung wurde im Temperaturbereich 25 ... 80 °C die Zusammensetzung der radiojodhaltigen Wasserdampf-Luft-Phase des Expansionsgefäßes verfolgt.*
*Anhand der erhaltenen Meßwerte und der aus der Literatur bekannten Vergleichsdaten erfolgten qualitative und quantitative Aussagen zu den im aerodispersen System nach einem Wärmeträgerverlust auftretenden anorganischen Radiojodformen.*

## (B 13) INIS DESCRIPTORS:

air; coolants; autoclaves; iodine; iodine 131; iodides; pressure release; quantitative chemical analysis; radioactive aerosols; radioactivity; time dependence; valence; water; water vapor

## 1. Einleitung

Allgemein wird für größere Störfallbetrachtungen wassergekühlter Leistungsreaktoren der Kühlmittelverlust angenommen. Von den dabei aus dem Wärmeträger in den Sicherheitseinschluß freigesetzten radioaktiven Stoffen ist aus der Sicht des Strahlenschutzes dem Radiojod besondere Bedeutung beizumessen. Untersuchungen zu den Formen und dem Verteilungsverhalten des Radiojods zwischen Wasser und Wasserdampf in Abhängigkeit von Temperatur, Druck und Wasserregime eines Druckwasserreaktors ergaben [1], daß im ersten und zweiten Kreislauf die Jodidform dominiert und die Radiojodkonzentration des Wasserdampfes im wesentlichen durch den *p*H-Wert des Wassers bestimmt wird. Zum Verhalten des Radiojods im aerodispersen System der Sicherheitseinschlußatmosphäre nach einem Wärmeträgerverlust (Luft, Wasserdampf, Spaltgase, Radiolyseprodukte), insbesondere was die Einflüsse der Inhaltsstoffe des Primärkreislaufes auf die Jod-Redoxvorgänge betrifft, ist bisher

Anschriften: [1]) 8354 Lohmen, Herrenleite; [2]) 8027 Dresden, Mommsenstr. 13

wenig bekannt. Die maximal im Sicherheitseinschluß nach einem Wärmeträgerverlust zu erwartenden Druck- und Temperaturwerte sind 0,4 MPa (4 kp · $cm^{-2}$) und 150 °C. Das Radiojod wird dabei in der Gasphase elementar oder gebunden an festen bzw. flüssigen Aerosolen erwartet. Zusammenfassenden Darstellungen der Theorien und Berechnungsmethoden zur Aerosolbildung bei einem Wärmeträgerverlust ist zu entnehmen [2, 3], daß über die Entstehung von Kondensationsaerosolen aus der Dampfphase ebenfalls wenig bekannt ist und lediglich das Verhalten der dispersen Phase in trockener Atmosphäre gut beschrieben werden kann.

Aus den bisher publizierten Ergebnissen zum Jodverhalten im Sicherheitseinschluß kann man schlußfolgern [4], daß trotz einer Vielzahl von Veröffentlichungen eine Wichtung der Einflüsse auf die Existenzformen des Jods in einer Wasserdampf-Luft-Phase noch nicht möglich ist. Da selbst anlagenspezifische Aspekte das Jodverhalten beeinflussen, kommt im Hinblick auf die Dekontamination einer Wärmeträgerverlustatmosphäre praxisnahen Experimenten eine besondere Bedeutung zu.

Das Ziel der vorliegenden Arbeit bestand darin, neben summarischen Angaben zur Radiojodfreisetzung aus dem Primärkreislaufwasser die chemischen Existenzformen des Radiojods unter simulierten Druckentlastungsbedingungen experimentell zu ermitteln. Mit Hilfe der gewonnenen Meßdaten wurde versucht, die nach einem Wärmeträgerverlust in den Sicherheitseinschluß freigesetzte Radiojodaktivität qualitativ und quantitativ abzuschätzen und somit einen Beitrag für die Auslegung sowie zur Einschätzung der Wirksamkeit von Zusatzeinrichtungen zur Radiojodrückhaltung in Kernanlagen zu liefern.

## 2. Experimentelles

### 2.1. *Versuchsanordnung*

Zur Simulierung der Wärmeträgerverlustbedingungen eines Druckwasserreaktors diente eine Druckentlastungsapparatur, bestehend aus Autoklav und Expansionsgefäß. Im Autoklav wurden die Druck- und Temperaturbedingungen des Primärkreislaufes und im Expansionsgefäß die Wärmeträgerverlustatmosphäre des Sicherheitseinschlusses nachgebildet. Der erforderliche Druck im Autoklav entstand durch Aufheizen der Außenmantelfläche. Die Regelung der Temperatur des Autoklavs erfolgte elektronisch und die des Expansionsgefäßes über ein Kontaktthermometer, das mit der Außenmantel-Warmwasserheizung des Expansionsgefäßes gekoppelt war. Abb. 1 zeigt das Schema der Versuchsanordnung.

Die technischen Daten der verwendeten Versuchsapparatur sind in Tab. 1 zusammengestellt.

Der Vorgang der Entspannung des Autoklavinhalts in das Expansionsgefäß wurde durch eine Lochblende zeitlich verzögert. Bei einer Blendenöffnung von 5 mm und einem Autoklavdruck von 12,5 MPa (125 kp · $cm^{-2}$) dauerte der Vorgang etwa 10 s. Die Identifizierung der Jodverbindungen in der Gasphase erfolgte direkt und nach Entfeuchtung der Wasserdampf-Luft-Atmosphäre, wozu getrennte Entnahmestrecken für die Proben existieren (Abb. 1). Das bei der Entfeuchtung entstehende Kondensat wurde separat analysiert. Bruttoangaben des Jods in der Gasphase wurden durch Gaswäsche und eine Auftrennung in aerosolgebundene, elementare und schwer sorbierbare Jodanteile durch spezielle Filteranordnungen erreicht. Zur Entnahme der Kondensatphase aus dem Expansionsgefäß befand sich zusätzlich ein Ventil am Behälterboden.

Die benutzte Nachweismethode der radioaktiven Strahlung bestand aus einem Sekundärelektronenvervielfacher mit Vorverstärker und Bohrlochkristall NaJ(Tl). Die Meßdauer der zu analysierenden Proben wurde so gewählt, daß der relative statistische Fehler der Zählrate $\leqq \pm 1\%$ betrug. Die Kontrolle der Betriebssicherheit der Druckentlastungsapparatur erfolgte neben der visuellen Beobachtung durch ein Sicherheitsventil und zwei getrennt arbeitende Überwachungselemente innerhalb des Autoklavteils und durch Sicherheitsventil und automatische Temperaturregelung im Expansionsteil.

### 2.2. *Analysenmethoden*

#### 2.2.1. Analytik der wäßrigen Phase

Nachgewiesen wurden die Jodidionen durch eine jodkatalytische Mikrobestimmungsmethode und die Oxydationsstufen des Radio-

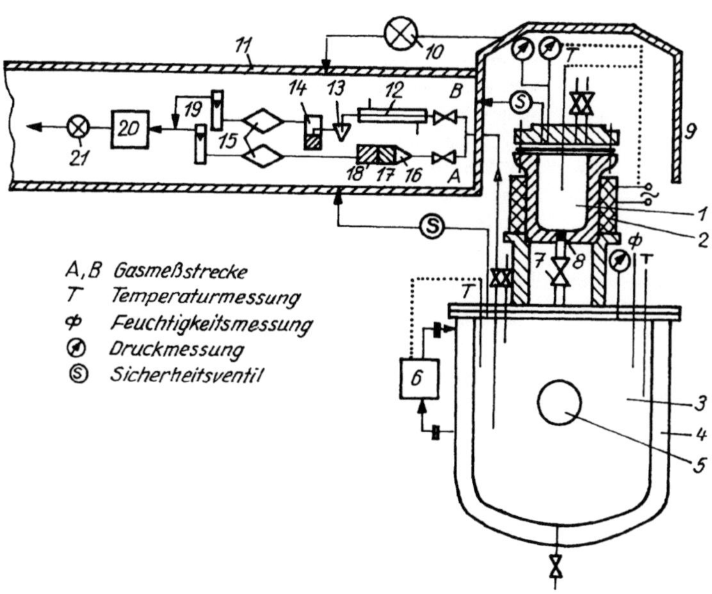


Abb. 1. Schema der Druckentlastungsapparatur

*1* — Autoklav; *2* — Elektr. Heizung; *3* — Expansionsgefäß; *4* — Doppelmantel; *5* — Schauglas; *6* — Thermostat; 7 — Entspannungsventil; 8 — Lochblende; *9* — Ablufthaube; *10* — Ventilator; *11* — Handschuhbox; *12* — Entfeuchter; *13* — Kondensatsammler; *14* — Gaswäsche; *15* — Aktivkohlefilter; *16* — Aerosolfilter; *17* — Aktivkohleschicht; *18* — Zeosorb(Ag)schicht; *19* — Durchflußmesser; *20* — Sicherheitsfilter; *21* — Vakuumpumpe;

Tab. 1. Technische Daten der Druckentlastungsapparatur

| | Autoklav | Expansionsgefäß |
|---|---|---|
| Art der Simulierung | Primärkreislauf | Sicherheitseinschluß |
| Behältergruppe (lt. ASAO 840/1) | A | A |
| Volumen | 625 ml | 21,9 l |
| Material | X8CrNiTi 18.10 | X8CrNiTi 18.10, St. 38b-2 |
| Höchstzulässige Temperatur | 350 °C | 150 °C |
| Höchstzulässiger Druck | 160 kp · $cm^{-2}$ | 7 kp · $cm^{-2}$ |
| Heizung | Elektrischer Ringheizkörper Typ BSTH 7304 800 W, 220 V | Warmwasserheizung Doppelmantel (7 l) mit Laborthermostat gekoppelt |
| Temperaturregelung | Elektronischer Regler ARU-60/2 (VEB Wetron, Weida) Regelbereich 50 ... 450 °C, gekoppelt mit Ringheizkörper | Kontaktthermometer gekoppelt mit Laborthermostat |
| Temperaturmessung | Widerstandsthermometer Pt 100 | Temperaturfühler Typ 1014 (VEB Feutron, Greiz) |
| Druckregelung | Kontaktmanometer, Klasse 1 Regelbereich 1 ... 250 kp · $cm^{-2}$ gekoppelt mit Ringheizung | |
| Druckmessung | Manometer mit Ferngeber, Klasse 0,6 Meßbereich 0 ... 250 kp · $cm^{-2}$ | Manometer mit Ferngeber, Klasse 0,6 Meßbereich 0 ... 10 kp · $cm^{-2}$ |
| Zusätzliche Armaturen | Sicherheitsventil | Taupunktfühler Typ 1041 (VEB Feutron, Greiz) Sicherheitsventil |

jods in wäßriger Lösung durch eine Simultanbestimmungsmethode. Die Simultanbestimmung bestand aus der Kombination eines Extraktionsschrittes der wäßrigen Ausgangslösung mit Benzen und anschließender Dünnschichtchromatographie bzw. Papierelektrophorese. Eine ausführliche Beschreibung der verwendeten Analysenmethoden sowie der Darstellung der für die Kalibrierung der Methoden erforderlichen Jodformen erfolgte in [1].

2.2.2. Analytik der gasförmigen Phase

*2.2.2.1. Gaswäsche.* Das Prinzip der Methode bestand darin, daß die zu bestimmende Gasphase durch eine Absorberflüssigkeit geleitet wurde. Von den in der Literatur zitierten Absorbern für eine jodhaltige Atmosphäre [5, 6] wurde Natronlauge ausgewählt. Die Konzentration der Lauge, die Größe des Absorbergefäßes und des Gasvolumens richteten sich nach der zu bestimmenden Jodkonzentration. In der Regel wurden drei Waschflaschen mit je 50 ... 100 ml 1-molarer Natronlauge hintereinander geschaltet und die zu analysierende Luft mit einer Geschwindigkeit von $\leqq$ 20 l · $h^{-1}$ durchgesaugt. Bei den genannten Parametern war nach einer einstündigen Belastung der Gaswaschanordnung durchschnittlich 95% des Radiojods in der ersten, 5% in der zweiten und die dritte Waschflasche besaß nur noch Sicherheitscharakter.

*2.2.2.2. Filteranordnung.* Die verwendete Filterpatrone bestand aus

- einem Glasfaserfilterpapier für die Abtrennung des aerosolgebundenen Jods
- einer Aktivkohleschicht für die Abtrennung des elementaren Jods
- einer silberbeladenen Molekularsiebschicht als Absolutfilter.

Als Werkstoff der Filterpatrone wurde Polytetrafluorethylen, zur Abdichtung der Filtersegmente und als Schlauchmaterial Polyethylen verwendet, da diese Materialien des Radiojod relativ gering sorbieren [7]. Das als Aerosolfilter benutzte Glasfaserfilterpapier Neukafil 14—120 besaß für Teilchen der Größe 0,03 bis 3,00 μm einen Abscheidegrad von > 99,5% [8]. Wegen ihrer spezifischen Rückhalteeigenschaften für elementares Jod [9] wurde Aktivkohle Typ R4 in der Filterpatrone eingesetzt. Die nachgeschaltete Molekularsiebschicht von Zeosorb 13X mit 40 Gew.-% Silber diente für Aussagen zur Radioaktivitätsbilanz. Verwendet wurde für Aktivkohle und Molekularsieb eine Körnung von 0,4 ... 1,0 mm. Der Wirkungsgrad der Filteranordnung betrug bei den angegebenen Versuchsbedingungen > 99,6%. Ein Einfluß der relativen Luftfeuchtigkeit $\leqq$ 100% und der Temperatur der Gasphase $\leqq$ 100 °C auf die Radiojodrückhaltung in der Filteranordnung wurde nicht festgestellt.

## 2.3. *Meßergebnisse*

Zur Simulierung der Wärmeträgerverlustatmosphäre eines Druckwasserreaktors wurde die wäßrige radiojodhaltige Untersuchungslösung bei 12,5 MPa (125 kp·$cm^{-2}$) und 325 °C (das entspricht den Druck- und Temperaturbedingungen im 1. Kreislauf des Druckwasserreaktors WWER-440) 6 Stunden vorbelastet und in das Expansionsgefäß der Druckentlastungsapparatur (Abb. 1) entspannt. Zum Einsatz kam folgende Ausgangslösung:

$c_{J_2} = 5 \text{ mg} \cdot l^{-1}$

$A_{^{131}J} = 111 \ldots 160 \text{ mCi} \cdot l^{-1}$

$c_{H_3BO_3} = 6 \text{g} \cdot l^{-1}$

$c_{NH_3} = 655 \text{ mg} \cdot l^{-1}$

$p$H-Wert = 8

Während des Versuches wurden der Druck und die Temperatur im Autoklav und Expansionsgefäß sowie die Feuchtigkeit im Expansionsgefäß automatisch registriert. Nach der Entspannung des Autoklavvolumens stieg der Druck im Expansionsgefäß auf max. 0,2 MPa (2 kp · $cm^{-2}$). Die Atmosphäre im Expansionsgefäß wurde nach der Druckentlastung bis zu 43 Tagen im Temperaturbereich 25 ... 80 °C untersucht. Zur Analyse gelangte sowohl die Wasserdampf-Luft-Phase (Probenentnahme über Gasmeßstrecke A und B, vgl. Abb. 1) als auch das Kondensat im Expansionsgefäß. Durch Dünnschichtchromatographie und Benzenextraktion wurden die anfallenden wäßrigen und durch Gaswäsche und Filterpatrone die gasförmigen Proben analysiert. Durch die Probenentnahme kam es zur Störung des Wasser-Wasserdampf-Gleichgewichts im Expansionsgefäß. Deshalb wurde zwischen den Probenentnahmen eine Zeitspanne von $\geqq$ 12 Stunden eingehalten. Der Vergleich der Meßwerte in Abhängigkeit der Versuchszeit erforderte eine durch den radioaktiven Zerfall bedingte Umrechnung der $^{131}$J-Meßwerte auf den Zeitpunkt der Druckentlastung. Zur Charakterisierung des Radiojodverhaltens in der simulierten Wärmeträgerverlustatmosphäre als Funktion der Temperatur und Zeit wurde neben dem summarischen Anteil und dem Anteil der verschiedenen Jodformen auch der wasserdampflösliche Radiojodanteil ($r_w$, Gleichung 1) bestimmt.

$$r_w = \frac{A_{H_2O(g)} \cdot 100}{A_{H_2O(l)}} \quad \text{in } \% \qquad (1)$$

Der $r_w$-Wert ist ein Relativwert und gibt den Anteil des im Wasserdampf gelösten Radiojodanteils bezogen auf die Radiojodkonzentration der im System befindlichen Wasserphase an. Mit Hilfe dieser Angabe besteht die Möglichkeit, die durch Wasserdampfkondensation erreichbare Radiojod-Dekontamination der Wärmeträgerverlustatmosphäre vorauszusagen. Die Relativangaben der Aktivität auf der Filterpatrone beziehen sich auf die Gesamtaktivität aller Filtersegmente. Die angegebenen Fehler sind Standardfehler. Der relative Standardfehler der Gesamtaktivität auf der Filterpatrone betrug im Mittel aus 10 Einzelmessungen $\pm 0{,}3\%$. Zusammengestellt sind die Meßergebnisse in Tab. 2 und 3. Graphisch dargestellt ist die Zeitabhängigkeit der Radiojodkonzentration der Wasserdampf-Luft-Phase des Expansionsgefäßes in Abb. 2. Der zeitliche Abbau der Radiojodkonzentration in der simulierten Wärmeträgerverlustatmosphäre wurde in drei Zeitabschnitte (0 ... 2 h, 2 ... 24 h, 24 ... 48 h) unterteilt. Die Berechnung der entsprechenden Geschwindigkeitskonstanten und Halbwertzeiten der aerosolgebundenen und summarischen Radiojodkonzentration erfolgte nach den Gesetzmäßigkeiten von Reaktionen erster Ordnung [10]. Zusammengestellt sind die errechneten Daten für eine wasserdampfgesättigte Atmosphäre bei 80 °C in Tab. 4.

Tab. 2. Zeitabhängigkeit der Radiojodkonzentration in der simulierten Wärmeträgerverlustatmosphäre

Temperatur: (80,0 ± 0,8) °C
relative Feuchte: 100%

| Zeit[1]) d | $C_{^{131}J(g)}$ [2]) % | $r_w$-Wert % | Aktivitätsanteil auf der Filterpatrone in %[3]) | | |
|---|---|---|---|---|---|
| | | | Aerosolfilter | Aktivkohle | Zeosorb + 40 Gew.-% Ag |
| 0,007 | 1,23 ± 0,03 | 1,22 ± 0,02 | 44,66 | 55,29 | 0,05 |
| 0,083 | 1,06 ± 0,05 | 0,98 ± 0,08 | 11,39 | 88,56 | 0,05 |
| 1,105 | 0,19 ± 0,02 | 0,17 ± 0,02 | 0,58 | 99,32 | 0,10 |
| 2,050 | 0,12 | 0,12 | 0,27 | 98,84 | 0,89 |
| 3,050 | 0,12 | 0,12 | 0,15 | 98,93 | 0,92 |
| 4,050 | 0,10 | 0,10 | 0,09 | 99,05 | 0,86 |
| 5,030 | 0,12 | 0,11 | 0,07 | 98,95 | 0,98 |
| 7,030 | 0,12 | 0,10 | 0,09 | 98,96 | 0,95 |

[1]) Zeitpunkt der Druckentlastung entspricht $t = 0$
[2]) Gesamtaktivität der Ausgangslösung = 100%
[3]) Gesamtaktivität in der Filterpatrone = 100%

Tab. 3. Temperatureinfluß auf die Radiojodkonzentration in der simulierten Wärmeträgerverlustatmosphäre
relative Feuchte = 100%

| Temperatur °C | Zeit[1]) d | $C_{^{131}J(g)}$ [2]) % | $r_w$-Wert % | Aktivitätsanteil auf der Filterpatrone in %[3]) | | |
|---|---|---|---|---|---|---|
| | | | | Aerosolfilter | Aktivkohle | Zeosorb + 40 Gew. % Ag |
| 25,0 ± 0,3 | 1 ... 7 | 0,004 ± 0,002 | 0,003 ± 0,002 | 0,23 | 99,02 | 0,75 |
| 50,0 ± 0,6 | 8 ... 19 | 0,022 ± 0,005 | 0,020 ± 0,003 | 0,16 | 99,45 | 0,39 |
| 80,0 ± 0,8 | 20 ... 43 | 0,120 ± 0,014 | 0,110 ± 0,009 | 0,10 | 99,44 | 0,46 |

[1]) Zeitpunkt der Druckentlastung entspricht $t = 0$
[2]) Gesamtaktivität der Ausgangslösung = 100%
[3]) Gesamtaktivität in der Filterpatrone = 100%

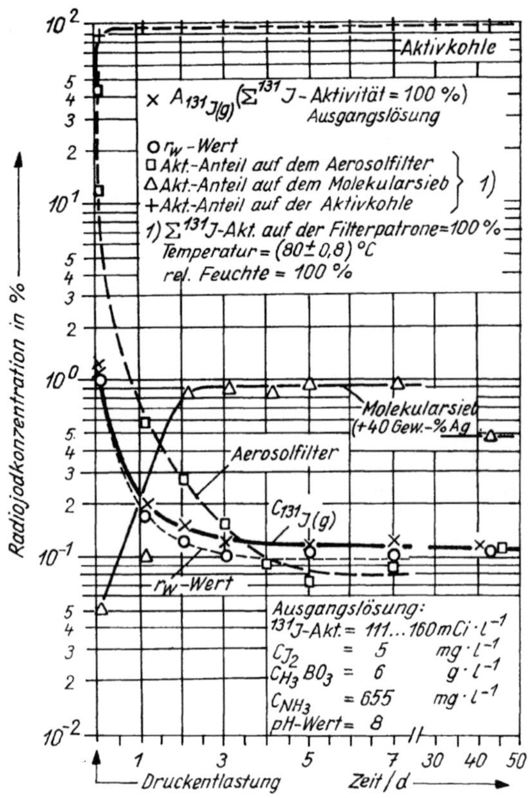


Abb. 2. Zeitabhängigkeit der Radiojodkonzentration in der simulierten Wärmeträgerverlustatmosphäre

Tab. 4. Geschwindigkeitskonstante $k$ und Halbwertszeit $t_{1/2}$ des Radiojodabbaus in der simulierten Wärmeträgerverlustatmosphäre

Temperatur = (80,0 ± 0,8) °C

relative Feuchte = 100%

| Zeit¹) h | $A_{^{131}J(g)}$ | | $A_{^{131}J(Aerosol)}$ | |
|---|---|---|---|---|
| | $k/h^{-1}$ | $t_{1/2}/h$ | $k/h^{-1}$ | $t_{1/2}/h$ |
| 0 ... 2 | 0,082 ± 0,020 | 8,5 ± 2,1 | 0,751 | 0,9 |
| 2 ... 24 | 0,070 ± 0,004 | 9,9 ± 0,6 | 0,121 | 5,7 |
| 24 ... 48 | 0,010 ± 0,001 | 69,3 ± 6,9 | 0,034 | 20,4 |

¹) Zeitpunkt der Druckentlastung entspricht $t = 0$

## 3. Diskussion der experimentellen Daten

Aus der graphischen Darstellung der Zeitabhängigkeit der Radiojodkonzentration in der simulierten Wärmeträgerverlustatmosphäre (Abb. 2) ergibt sich durch Extrapolation auf den Startpunkt der Druckentlastung ($t = 0$) eine $^{131}$J-Aktivität bezogen auf die Ausgangsaktivität von (1,25 ± 0,04) %, wobei die Hälfte dieser Konzentration aerosolgebunden vorliegt. Von siedenden radiojodhaltigen wäßrigen Lösungen ohne primärkreislaufähnlicher Druck-Temperatur-Vorbelastung sind um eine Größenordnung höhere Radiojodfreisetzungswerte aus der Wasser- in die Wasserdampf-Luft-Phase gemessen worden [4]. Daraus geht der Einfluß der Druck-Temperatur-Vorbehandlung auf das Radiojodgleichgewicht der wäßrigen Phase hervor und deutet darauf hin, daß dem Wärmeträger eines Druckwasserreaktors eine größere Radiojodrückhaltung zukommt als bisher in der Literatur [11] angenommen. Aus der $p$H-Abhängigkeit des Radiojodverteilungskoeffizienten zwischen Wasserdampf und Wasser in den Kreisläufen von Druckwasserreaktoren des Typs WWER [1] ergibt sich, bezogen auf die vorliegenden Versuchsbedingungen, eine Radiojodkontamination des Wasserdampfes von 1%. Daraus folgt, daß der Effekt des Wassermitreißens beim simulierten Wärmeträgerverlust in der Größenordnung der Radiojod-Wasserdampflöslichkeit des vorgespannten Wasserdampfes liegt. Diese Erkenntnis steht im Einklang mit der Publikation von *Luzanova* u. a. [12], wonach beim Wärmeträgerverlust eines Druckwasserreaktors vom Typ WWER-440 der Verteilungskoeffizient für Radiojod zwischen Wasser ($p$H-Wert 6,5 ... 7,0) und Wasserdampf $1,2 \cdot 10^{-2}$ beträgt. Nach *Class* [13] ist die Abhängigkeit des Wassermitreißens vom Druck nicht sehr ausgeprägt und nimmt bei konstanten Dampfgeschwindigkeiten annähernd gleiche Wassermitreißwerte an. Bei Wasserdampfgeschwindigkeiten von 0,1 ... 1 $m \cdot s^{-1}$ werden etwa 0,1 ... 50% des Wassers vom Wasserdampf mitgerissen. Gelingt es, nach dem Wärmeträgerverlust den Überdruck im Sicherheitseinschluß abzubauen und die Wasserdampfgeschwindigkeit $< 0,1$ m $\cdot s^{-1}$ zu halten, so ergibt sich aus den $r_w$-Werten (Tab. 3), daß der Grad der Radiojodkontamination der Wasserdampf-Luft-Phase in erster Linie durch die Temperatur des betrachteten Systems und durch die Wasserdampflöslichkeit gegenüber Radiojod bestimmt wird. Bei einer Raumtemperatur von 80 °C und Wasserdampfsättigung ergab sich in der simulierten Wärmeträgerverlustatmosäpäre eine Halbwertszeit des Abbaus der Gesamt- bzw. aerosolgebundenen Radiojodkontamination durch natürliche Konvektion für die ersten zwei Stunden nach der Druckentlastung von 8,5 bzw. 0,9 Stunden und für die folgenden 22 Stunden von 9,9 bzw. 5,7 Stunden. Der relativ große Standardfehler der errechneten Geschwindigkeitskonstanten $k$ des Radiojodabbaus (Tab. 4) kann eine Folge von Sedimentationseffekten bzw. uneinheitlicher Zusammensetzung der untersuchten Wasserdampf-Luft-Phase sein. Von Großraumexperimenten ist bekannt [14, 15], daß keine gleichmäßige Durchmischung vorlag und sich die Konzentration der anorganischen Jodformen zwischen Behälterboden und Hauptraum 5 Stunden nach der Druckentlastung um den Faktor 15 unterschied. Großbehälterexperimente ergaben für den natürlichen Abbau anorganischer Jodformen Halbwertszeiten für die ersten 2 Stunden nach der Druckentlastung von 21 Minuten und für die nächsten 20 Stunden von 5,2 Stunden (Behältergröße 900 $m^3$), [14, 15], bzw. von 10 Stunden (Behältergröße 38 $m^3$) [3, 16]. Die Übereinstimmung dieser Daten mit den vorliegenden Meßwerten spricht für die Übertragbarkeit der im Labormaßstab gewonnenen Daten auf die Originalbedingungen. Etwa 3 Tage nach der Druckentlastung wurde in der simulierten Wärmeträgerverlustatmosphäre ein konstantes, von der Raumtemperatur abhängiges Aktivitätsniveau erreicht. Diese Grenzkonzentration des natürlichen Abbaus liegt im Temperaturbereich 25 ... 80 °C (rel. Feuchte 100%) bei $4 \cdot 10^{-3}$ ... $1,2 \cdot 10^{-1}$%, bezogen auf die Ausgangskonzentration der wäßrigen Phase (Tab. 3). Das entsprach einer Jodkonzentration in der simulierten Wärmeträgerverlustatmosphäre von $5,86 \cdot 10^{-3}$ ... $1,76 \cdot 10^{-2}$ mg $l^{-1}$. Die Abnahme der Jodkonzentration bis auf eine quasi-stationäre Restkonzentration nach einem Wärmeträgerverlust ist aus der Literatur [3] bekannt. Mit Hilfe von Gebäudesprühanlagen konnte die durch natürliche Konvektion entstandene Grenzkonzentration der Wasserdampf-Luft-Atmosphäre um den Faktor 20 ... 60 abgebaut werden (Jod-Grenzkonzentration beim Gebäudesprühprozeß 0,3 mg $m^{-3}_{Luft}$ [15]). Im Vergleich dazu liegt der natürliche Jodgehalt der Erdatmosphäre noch einmal um den Faktor $10^3$ ... $10^4$ niedriger als die Auswaschgrenzkonzentration ($^{127}$Jodgehalt der Atmosphäre $1,0 \cdot 10^{-7}$ g $m^{-3}$ [17]; $3,0 \cdot 10^{-8}$ g $m^{-3}$ [18]). Mit Hilfe von Aerosolfiltern (wirksam für Teilchengrößen von 0,03 ... 3,00 μm) ist 3 Tage nach der Druckentlastung eine Dekontamination der Wasserdampf-Luft-Atmosphäre des Expansionsgefäßes von nur 0,1 ... 0,2% erreichbar, während mit Aktivkohlefilter die Dekontaminationswirksamkeit $> 99\%$ beträgt. Daraus läßt sich ableiten, daß beim Erreichen der Radiojodgrenzkonzentration die Sicherheitseinschlußatmosphäre nur durch eine spezielle Gasreinigungstechnologie, wie z. B. Aktivkohlefilter, Umluftfilter oder Gaswäsche, effektiv dekontaminiert werden kann. Der Radiojodanteil auf dem Molekularsieb (+40 Gew.-% Ag) der Filteranordnung lag je nach Raumtemperatur bei 0,46 ... 0,75% (Tab. 3). Aus den vorliegenden Meßergebnissen konnte nicht ermittelt werden, ob es sich bei diesem Aktivitätsanteil um eine schwer sorbierbare Jodform (wie z. B. organisch gebundenes Jod) oder um eine durch extrem geringe Jodkonzentration verursachte unscharfe Trennung in der Filterpatrone handelte.

Im Kondensat des Expansionsgefäßes waren neben elementarem Jod und Jodidionen keine weiteren Formen des Jods nachweisbar. Der Zuwachs an elementarem Jod betrug am Versuchsende gegenüber der Ausgangskonzentration durchschnittlich 2%. Erwähnenswert sind in diesem Zusammenhang quantitative Untersuchungen der Radiojodformen in den Kreisläufen von fünf Druckwasserreaktoren [19], bei denen etwa 1% der Gesamtjodmenge in elementarer Form vorlag. Wie in dem Kondensat des Expansionsgefäßes waren auch bei dem in der Gasmeßstrecke B (s. Abb. 1) niedergeschlagenen Wasserdampf der simulierten Wärmeträgerverlustatmosphäre lediglich Jodidionen und elementares Jod nachweisbar. Bei den Versuchen lag die Aktivitätsbilanz zwischen 59 ... 80%. Untersuchungen zur Adsorption von Radiojod an den Gefäßwandungen der Druckentlastungsapparatur erfolgten nicht. Zur Verringerung der Jodsorption wurden lediglich vor Aufnahme der Experimente die salpetersäuregebeizten Oberflächen der Apparatur mit jodidhaltiger wäßriger Lösung behandelt.

## 4. Schlußfolgerungen

Die mit der Druckentlastungsapparatur erhaltenen Ergebnisse gestatten trotz des recht extremen Verkleinerungsmaßstabes im Vergleich zu den Kernkraftwerksverhältnissen Voraussagen zum Verhalten der anorganischen Jodformen unter Wärmeträgerverlustbedingungen eines Druckwasserreaktors. Dies trifft sowohl für die Angabe zur chemischen Form als auch für den summarischen Wert des Radiojods in der Wasserdampf-Luft-Phase zu.

Bei den Experimenten wurde die Adsorption des Radiojods an der Apparatewandung nicht gesondert ausgewiesen, trotzdem lassen die Aktivitätsbilanzen der Versuche den Schluß zu, daß durch Anpassen der Oberflächen der Druckentlastungsapparatur entsprechend den Originalbedingungen (z. B. Farbanstriche des Kernkraftwerkes anwenden) eine bessere Praxisbezogenheit erreichbar wäre.

Auf Grund der Vorrangstellung des Radiojods für die Gefährdung des Organismus ist bei der Fortsetzung der Arbeit an ein anlagenbezogenes Studium der potentiellen Quellen schwer abtrennbarer Radiojodformen in Kernkraftwerken mit Druckwasserreaktoren gedacht. Organisch gebundenes Radiojod gilt als eine der schwer abtrennbaren Jodformen. Mit den Prinzipien des Strahlenschutzes würde es nicht übereinstimmen, allein nur die diesbezügliche — erfahrungsgemäß sehr kostenintensive — Rückhaltetechnologie auszubauen, sondern die Quellen für die Bildung der schwer zu dekontaminierenden Jodformen aufzudecken, um daraus praktisch-organisatorische Maßnahmen des Strahlenschutzes ableiten zu können.

$A$ Radioaktivität

$C_i$ Konzentration des Stoffes i

$r_w$ Relativanteil des Radiojods im Wasserdampf

$k$ Geschwindigkeitskonstante

$t_{1/2}$ Halbwertszeit

Für die Unterstützung beim Bau der Druckentlastungsapparatur danken wir Herrn *Ch. Kecke* vom VEB Chemieanlagenbau Pirna, Herrn *W. Klausch*, Herrn *J. Knappe* und Herrn *W. Weber* vom Staatlichen Amt für Atomsicherheit und Strahlenschutz.

Unseren Dank möchten wir auch Herrn *D. Pietzsch* für die Mitarbeit bei den Experimenten sowie Herrn Dr. *K.-H. Johannsen* und Herrn Dr. *K. Runge* vom Staatlichen Amt für Atomsicherheit und Strahlenschutz für die fördernden Diskussionen aussprechen.

Eingegangen am 14. 6. 1979

## Literatur

[1] *M. Alm, K.-H. Johannsen, R. Dreyer*, Isotopenpraxis **15** (1979) 86

[2] *F. Cejnar*, Chavani radiojodu pri havarijnich stavech jadernych energetikych reaktoru, Rez-Praha UJV 2114-Ch (1968)

[3] *J. P. Hosemann, H. Jordan, W. Schikarski, H. Wild*, Nukleare Schadstoffe in der Nachunfallatmosphäre eines Leichtwasser-Reaktor-Containments, KFK-1800 (1973)

[4] *M. Alm*, Untersuchungen zum Verhalten der anorganischen Formen des Radiojods im ersten und zweiten Kreislauf sowie beim Wärmeträgerverlust eines Kernkraftwerkes vom Druckwassertyp. Dissertation, Techn. Universität Dresden, 1977

[5] *W. Fresenius, G. Jander*, Handbuch der analytischen Chemie, III. Teil, Bd. VII, α, β, II, Springer-Verlag Berlin, Heidelberg, New York 1967

[6] *J. Krzesniak*, Metody generacji par $^{131}J_2$ i $CH_3{}^{131}J$ dla badan i kontroli radioaktywnych zanieczyszczen powiltrza. CLOR-84/D, Warschau 1971

[7] *S. Hiller, H. Schad*, Kerntechnik **17** (1975) S. 320

[8] *S. Przyborowski*, Persönliche Mitteilung, Staatliches Amt für Atomsicherheit und Strahlenschutz der DDR, 24. 9. 1975

[9] *K.-H. Johannsen, R. Schwarzbach*, Ulavlivanie radiojoda fil'trom s aktivirovannym uglem i analytika radiojoda v gazovoj faze. Wissenschaftlich-technische Konferenz des RGW, Usti nad Labem (ČSSR), Sept. 1975

[10] *K. Schwabe*, Physikalische Chemie, Bd. 1. Akademie-Verlag, Berlin 1973

[11] *P. Zeisler, K. Möbert*, Vydelenie radioaktivnogo joda pri tyazhelykh avariyakh na atomnykh ehlektrostantsiyakh s vodo-vodyanym energeticheskim reaktorom. Wissenschaftlich-technische Konferenz des RGW, Usti nad Labem (ČSSR), Sept. 1975

[12] *L. M. Luzanova, B. G. Pologikh, V. A. Sydorenko, V. D. Skvorchevsky*, Bezopasnost' atomnykh elektrostantsij s tochki ereniya posledstvij krupnykh avarij. Sowjetisch-schwedisches Symposium über Reaktorsicherheitsprobleme, Studsvik, IVA-60, AES-12 (1973)

[13] *G. Class*, Mitt. VGB, H. 102 (1966) S. 202

[14] *R. K. Hilliard, A. K. Postma, J. D. McCormac, L. F. Coleman*, Nucl. Techn. **10** (1971) 499

[15] *A. K. Postma, B. M. Johnson*, Containment System Experiment Final Program Summary, BNWL-1592 (1971)

[16] *L. F. Parsly*, Nucl. Techn. **10** (1971) 472

[17] *P. M. Bryant*, Derivation of Working Limits for Continuous Release Rates of $^{129}J$ to Atmosphere, Health Physics, Pergamon Press, Vol. 19, 1970

[18] *H. Schnez*, Behandlung und Abtrennung der radioaktiven Spaltprodukte Tritium, Edelgase und Jod in Kernbrennstoffwiederaufbereitungsanlagen. Dissertation, T. H. Aachen Jül-1223 (1975)

[19] *I. A. Martucci*, Iodine Decontamination Factors During PWR Steam Generation and Steam Venting, CENPD-67 (1973)

# Radioactive Enamels Containing Plutonium-239

*M. Mielcarski, H. Iwińska*

(Institute of Nuclear Research. The Radioisotope Production and Distribution Centre, Poland)[1])

*Inorganic enamels containing plutonium-239 were investigated from the point of view of their ionizing ability. The effect of enamels composition on the ionization is discussed.*

## (D 14) INIS DESCRIPTORS:

alpha sources; beryllium oxides; boron oxides; chemical composition; enamel; energy spectra; glazes; ionization; leaching; lithium oxides; plutonium 239; plutonium oxides; quantity ratio; silicates; surface contamination

## Introduction

To avoid contamination, appropriate fixation of radioisotopes is an important problem in the production processes of radiation sources. For this purpose, inorganic enamels were applied earlier [1–3]. Plutonium-239 used for preparation of ionization sources must be fixed extremly well in spite of its chemical toxity and hazardeous nuclear properties, the more that the active part must remain practically uncovered. As it follows from practice such sources are often exposed to the action of different atmospheric and other aggressive agents.

In this work it was assumed that inorganic glazes can be applied as good fixing agents for plutonium oxide, and assure higher radiation yields than those obtained by other fixing techniques [4]. For this purpose, siliceous enamels were choosen according to their relatively high hydrolytical resistance. Because considerable output of alpha particles emitted by a unit surface area is important, the compositions of glaze systems were so selected as to assure high plutonium oxide content, preserving simultaneously such properties of enamels like good spreading, uniformity and homogenity.

## Experimental

The compositions of enamels marked as A, B and C were elaborated in this work. Preparatory experiments were performed using chemical analogues of plutonium. Chemical pure reagents were used. Plutonium oxide was of USSR origine. Glazes marked as M9P and 017 were supplied by Glass and Ceramic Institute in Warsaw in form of ready for use mixtures to which increasing amounts of plutonium oxide were added. The experiments with radioactive enamels were realized in glove boxes. Electrical furnace with platinum winding and thermoregulator maintaining temperature within $\pm 10$ °C was used. The temperature was measured with PtRh-Pt thermocouple.

Samples of glazes with appropriate amounts of plutonium oxide were grinded in mortar. For glazing, plates of raw unimbibing porcelain with dimensions of 10 by 15 mm were used. Time of burning varied from 0·5 to 3 hours depending on the sort of enamel and $PuO_2$ content.

Ionization chamber assuring entire absorption of alpha particles has been applied for measuring ionization current. The wipe tests were performed according to the method 5.1. of ISO Recommendations [5]. Scintillation counter ZnS(Ag) with efficiency of about 25% was applied. The quality of glaze coatings was evaluated visually with the aid of sixfold magnifying glass. Foton Super R films have been used to determine the uniformity of activity distribution. The exposition time was 1 min. Alpha particles energy spectrum was determined by the use of 400-channel "Intertechnique SA-40" analyzer with Si(Li) detector. Hydrolytical resistance of obtained glaze coatings was determined according to the method 5.2. of ISO Recommendations [5].

## Results and discussion

The compositions of enamels A, B and C are shown in tab. 1. Tab. 2 presents the enamel sets marked as M9P and 017.

The effect of plutonium-239 concentration in each sort of enamel on the value of ionization current is shown in fig. 1 and 2. The confidence limits were determined for confidence level of 0·90. Where unmarked means that the confidence limits did not exceed the dimensions of the plotted points.

The wipe test results as a function of plutonium concentration in different enamels are presented in fig. 3 and 4.

From the results obtained, plotted in fig. 1 it follows that in the case of enamel A the ionization current increases rectilinear with the concentration of plutonium oxide. Further increase of $PuO_2$ content beyond 50% leads to improper glaze coatings and raise of melting temperature what is undesirable from practical point of view. Enamels of A type have yellow-green colour, the intensity of which increases with increasing concentration of $PuO_2$. The liquidity temperature and time of melting are 1200 to 1300 °C and 2–3 hours respectively depending on plutonium

Tab. 1. Composition of enamels A, B and C

| Compound | Composition in % by weight | | |
|---|---|---|---|
| | A | B | C |
| $SiO_2$ | 24·8–47·2 | 20·0–42·8 | 2·7–4·3 |
| MgO | 11·6–22·1 | – | – |
| BeO | 3·8–7·2 | – | – |
| $Li_2O$ | 9·8–18·5 | – | – |
| $Pb_3O_4$ | – | 20·0–42·8 | 43·6–69·0 |
| $Na_2O$ | – | 3·0–4·8 | – |
| BaO | – | 3·0–4·8 | – |
| CaO | – | 3·0–4·8 | – |
| $Al_2O_3$ | – | 3·0–4·8 | – |
| $B_2O_3$ | – | – | 13·7–21·7 |
| $PuO_2$ | 5–50 | 5–40 | 5–40 |
| Liquidity temp. °C | 1300 | 1100 | 900 |

[1]) Address: Pl-05-400 Świerk-Otwock, Poland

Tab. 2. Composition of enamels M9P and 017

| Compound | Composition in % by weight | |
|---|---|---|
| | M9P | 017 |
| $SiO_2$ | 24·96 – 39·5 | 21·8 – 41·42 |
| $MgO$ | 0·33 – 0·52 | 0·5 – 0·95 |
| $Na_2O$ | 1·12 – 1·77 | 0·07 – 0·13 |
| $BaO$ | — | 1·8 – 3·42 |
| $CaO$ | 8·67 – 13·83 | 3·4 – 6·46 |
| $Al_2O_3$ | 8·67 – 13·83 | 3·7 – 7·03 |
| $B_2O_3$ | 14·88 – 23·7 | 13·4 – 25·37 |
| $Fe_2O_3$ | 0·15 – 0·24 | — |
| $TiO_2$ | 0·02 – 0·20 | — |
| $K_2O$ | 0·63 – 1·0 | — |
| $ZnO$ | — | 1·0 – 1·9 |
| $ZrO_2$ | — | 4·4 – 8·36 |
| $PuO_2$ | 5 – 40 | 5 – 50 |
| Liquidity temp. °C | 1100 | 1200 |

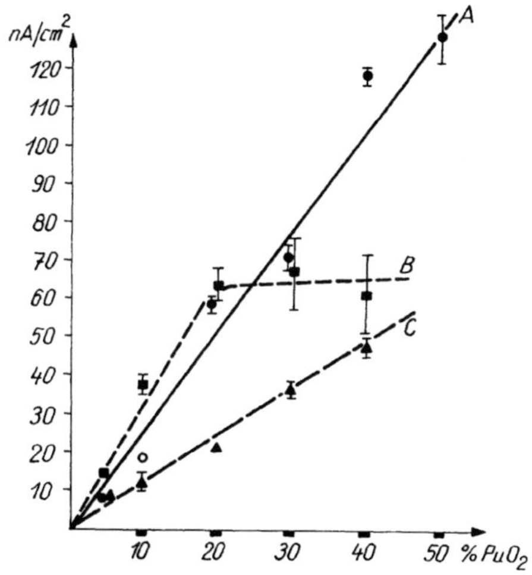


Fig. 1. Ionization current as a function of ²³⁹Pu content in enamels A, B and C
Bitte beachten: Statt ○ (links unten) lies ●

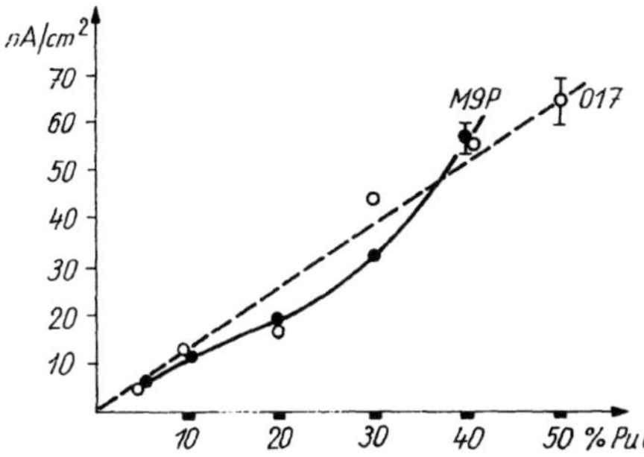


Fig. 2. Ionization current as a function of ²³⁹Pu content in enamels M9P and 017

oxide content. Spreading over ceramic surface although slow, is not caused by bad wettability. The glaze coatings do not crack while cooling and stick well to the ceramic plates. The optical density of radiograms indicates sufficient uniformity of $PuO_2$ distribution. For the A type enamel containing 50% of $PuO_2$ the highest ionization current was obtained. It amounts to 130 nA/cm² what corresponds to effective activity of about 6·5 MBq/cm² (170 µCi/cm²). From the wipe test results plotted in fig. 3 it fol-

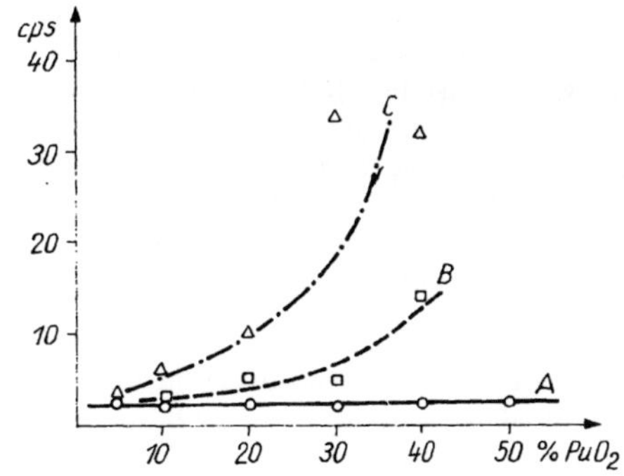


Fig. 3. Wipe test results for enamels A, B and C

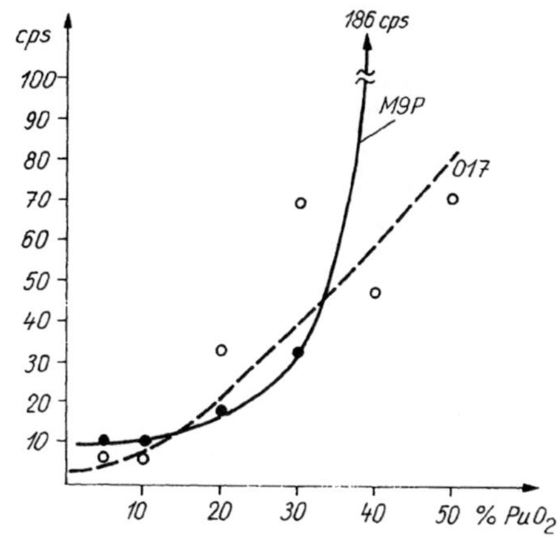


Fig. 4. Wipe test results for enamels M9P and 017

lows that A enamels give practically no removable contaminations irrespective of $PuO_2$ concentration.

Whereas the A type enamel was free of lead compounds, the others B and C belonging to the same group contain considerable amounts of $Pb_3O_4$. No effect on the yield of alpha particles was observed (fig. 1) when the content of plutonium oxide in enamel B was raised over 20% although it could be increased further without affecting the quality of glaze coating. In the concentration range up to 20% the yields of alpha particles are comparable for A and B enamels. Enamels B have green colour intensifying with increasing $PuO_2$ content. They melt at 1100 °C and spread within several minutes. The quality of obtained coatings is good and plutonium distribution uniform. The removable activities (fig. 3) for glazes containing up to 20% $PuO_2$ are similarly to enamels A negligible. Increased contaminations are observed at higher plutonium concentrations, but such enamels are useless from practical point of view. Accordingly for practical purposes enamel B is more convenient for preparing sources with lower ionization possibility.

Type C enamels are characterized by the lowest yield of alpha particles. Even at 40% of $PuO_2$, the ionization current is lower than that for glazes A and B containing half of this amount. The glazes are dark green-brown in colour and the coverings are less smooth as compared to enamels A and B. The liquidity temperature is comparatively low (900 °C) and the spreading easy. The wipe test results (fig. 3) indicate on higher contaminations than those for glazes A and B what is presumably caused by the decrease of hardness as a result of lower $SiO_2$ and higher $Pb_3O_4$ content. Enamels with high $SiO_2$ content are more resistant to wiping, however lowering of melting temperature has many practical advantages too.

The ionization current values as a function of plutonium-239 concentration in enamels M9P and 017 are presented in fig. 2. From the results obtained it follows that the emission of ionizing radiation from unit area of radioactive enamel is lower as compared to glazes belonging to the previous group, although the enamels M9P and 017 do not contain lead oxide. It suggests that lead oxide do not absorb alpha radiation to a greater extent than other components of enamels, and its practical usefulness remain unlimited.

All types of enamels were investigated on the solubility in water [5]. The leaching solutions were free of radioactive component.

It should be pointed out that high ionization possibility of the A type radioactive enamel results not only from alpha radiation emitted by $^{239}Pu$. Since only A type enamel contains beryllium and lithium oxides, the following reactions should be taken into account: $^{9}Be(\alpha,n)^{12}C$ and $^{6}Li(n,\alpha)^{3}H$. The abundance of lithium-6 in natural mixture is 7.42% and its neutron cross-section 953 b [6]. One can expect considerable contribution of tritium on the observed ionizing effect due to its high kinetic energy resulting from its relatively low mass in comparison with alpha particles. Additionally, ionization is caused by tritium rising also in deeper parts of enamel in contrary to the alphas. This consideration can explain the relatively high ionization current values observed in the case of A type enamel.

Similar effect as with lithium can be expected when among the glaze components besides beryllium, boron oxide is present. This compound is often used in preparing glazing sets. According to the reaction $^{10}B(n,\alpha)^{7}Li$ additional alpha particles can be generated. The abundance of boron-10 in natural mixture is about 20% and its neutron cross-section 3837 b [6]. An assumption is made that neutrons arising in the reaction with beryllium can be partially slowed down on their way to the enamel surface, where they generate alpha particles in the above mentioned reaction. Contribution of these particles to the ionization is less effective than those generated in the reaction with $^{6}Li$, though can not be neglected. In accordance with these considerations one can expect that introduction of beryllium oxide to the enamels C, M9P and 017 will enhance their ionizing ability without increasing the $^{239}Pu$ content. Pertinence of these expectations is now investigated in this laboratory.

In practice it should be remembered that sources prepared by these techniques emit radiation characterized by continuous shape of energy spectrum (fig. 5) and can be applied only for ionizing purposes.

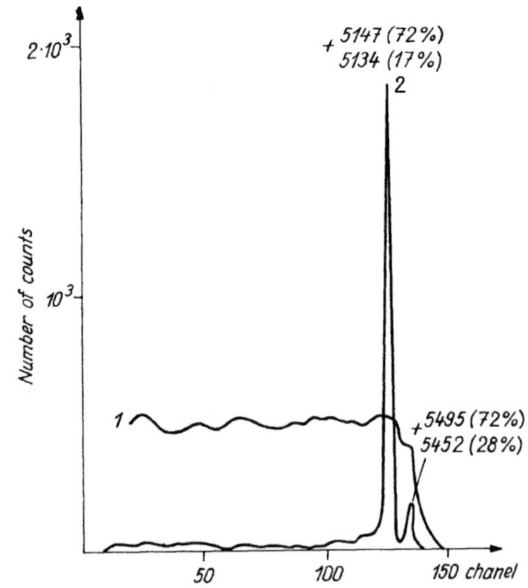

Fig. 5. Energy spectra of radiation emitted by A type enamel (1) and $^{239}Pu$ standard (2)

Application of inorganic enamels for fixation of radioisotopes is a valuable technique in production of radiation sources. Important components of radioactive enamels, from the point of view of their ionizing possibility are beryllium, lithium and boron compounds. The results obtained indicate that ionizing effect depends not only on the content of radioactive component but also on other non-radioactive admixtures.

Received May 24, 1979

## References


[1] *D. M. Ziv, G. S. Sinitsina, I. A. Efros, E. A. Volkova*, Atomnaya Energya **4** (1958) 469

[2] *M. Mielcarski*, Patent PRL nr. 85774 (1977)

[3] *O. E. Klinger, L. Zagar*, Glastechn. Ber. **50** (1977) 94

[4] *M. Mielcarski, S. Malkiewicz, M. Poniński*, Nukleonika **20** (1975) 931

[5] International Standard. Sealed radioactive sources-general ISO-1677-(1977)

[6] *K. H. Lieser*, Einführung in die Kernchemie, Band 1. Verlag Chemie GmbH, Weinheim (1969)

## Kurze Originalmitteilungen

# Determination of Opium and Strychnos Alkaloids by Radiometric Titrations with Potassium Thallium(I) Iodide Reagent

*N. V. Rama Rao, N. J. Singh, S. N. Tandon*

(Department of Chemistry, University of Roorkee)[1])

**(B 11) INIS DESCRIPTORS:**

accuracy; alkaloids; codeine; labelled compounds; morphine; pH value; potassium iodides; precipitation; radiometric analysis; sensitivity; strychnine; thallium 204; thallium iodides; thebaine; titration

Micro determination of opium and strychnos alkaloids is of special interest to toxicologists, pharmacologists and forensic chemists. Among the methods that make use of the precipitation reactions for the quantitation of these alkaloids, radiometric titrations using labelled reagents possess many inherent advantages [1]. Suprisingly, despite their advantageous nature, radiometric titrations are relatively less explored for the determination of alkaloids. Some precipitants like $^{32}P$ labelled phosphotungstic acid [2], phosphomolybdic acid [3] $^{110}Ag$ labelled silver nitrate [4] and $^{131}I$ labelled iodo complexes of bismuth and mercury [5] have been reported in the literature for the radiometric determination of some alkaloids. But some of the above mentioned reagents require a rigid control of acidity for precipitation. $^{110}Ag$ labelled silver nitrate reagent can be used only for the halide salts of the alkaloids and free based cannot be titrated with this reagent. Iodo complex of mercury requires a strict delineation of the *p*H of the medium and gives precipitates which are not very insoluble, thus affecting the sensitivity of the titrations. Hence, the need is always being felt to develop more efficient reagents for the determination of the alkaloids by radiometric titrations. The preliminary investigation of the alkaloids by radiometric titrations. The preliminary investigations by the authors revealed that potassium thallium(I) iodide is a very versatile and sensitive precipitant for the opium and strychnos alkaloids. The high insoluble character of the precipitates of the alkaloids with this reagent, the easy preparation of the reagent in solution, the good precipitant nature of the reagent over a wide acid range and the sensitivity of the reagent in determining these alkaloids by precipitation prompted the authors to investigate, in detail, the utility of the reagent, potassium thallium(I) iodide, as a titrant for radiometric titrations of the alkaloids. The titrations were carried out by the batch method in test tubes. The reagent allows the determination of various alkaloids in the range $1 \times 10^{-3}$ M to $0.5 \times 10^{-4}$ M.

## Experimental

### *Reagents*

$^{204}Tl$ radioisotope supplied by Bhabha Atomic Research Centre was used for labelling the solution.

All other reagents used were of analytical purity.

Alkaloid solutions ($10^{-2}$ to $10^{-4}$ M) were prepared in distilled water containing 1—2 ml of 0.01 N acid like hydrochloric or sulfuric acid to effect the dissolution of the sparingly soluble alkaloids.

Pharmaceutical preparations like codeine sulfate and codopyrin tablets and coscopin syrup were used for the determination of codeine and narcotine.

### *Preparation of labelled potassium thallium(I) iodide reagent*

The reagent was prepared by mixing 1 vol. of 0.1 M $^{204}Tl$ labelled $Tl_2SO_4$ solution and 3 vol. of 0.1 N iodine in 0.15 M potassium iodide solution. The reagent was found to be stable over a period of weeks. In the present study, the concentration of the precipitant is expressed with respect to the concentration of thallium (I). The reagent is assigned the formula $KTl^{I}I_4$ [6]. It is known in the literature that thallous iodide exists as $Tl^{I}I_3$ and the addition of potassium iodide will lead to the formation of $KTl^{I}I_4$ in solution [7].

### *Apparatus*

β-activity of $^{204}Tl$ was counted with a *Geiger* counter model GCS 4000 A (ECIL, India).

## Results and discussion

### *Effect of acidity on precipitation*

In order to study the effect of acidity of the solution on precipitation of alkaloids, radiometric method has been employed using labelled potassium thallium(I) iodide. 1 ml of the reagent ($10^{-2}$ M) solution was taken in different centrifuge tubes and was followed by the addition of suitable amount of sulfuric or hydrochloric acid to obtain a concentration of 0.01 to 0.4 N in a total volume of 5 ml. To this, 3 ml of alkaloid solution ($10^{-2}$ M) was added and the total volume was made up to 5 ml. Another set using aqueous solutions of the alkaloid and the reagent was also included in the study. As the alkaloid is present in excess to precipitate the reagent completely, the amount of the activity in the supernatant liquid will indicate the effect of acidity on precipitation. The results show that the precipitation is more or less quantitative and remains unaffected in all the cases studied. For the radiometric titrations, the alkaloid and reagent solutions were used as such.

### *Composition of the precipitate*

The composition of the precipitate was determined by adding varying amounts of alkaloid solution ($10^{-2}$ M) to a constant amount of labelled reagent solution ($10^{-2}$ M) taken in different tubes as to give varying alkaloid to reagent ratio. The total volume was kept constant. The equivalence point in a plot of

[1]) Address: Roorkee 247672, India

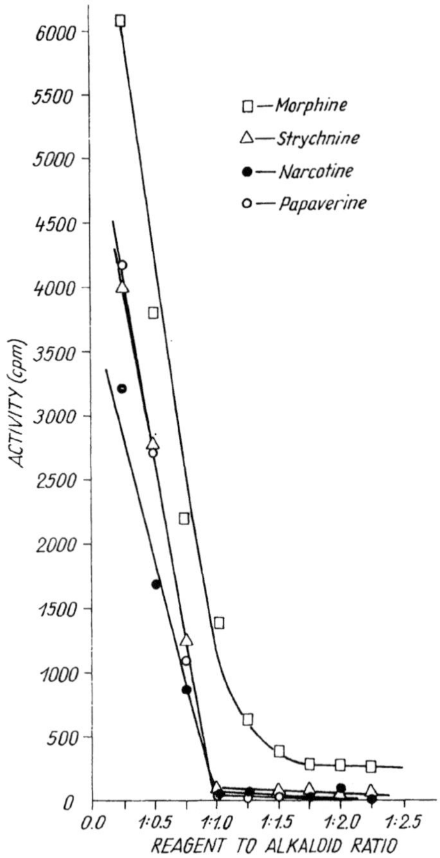


Fig. 1. Direct radiometric titration curves for some alkaloids with potassium thallium(I) iodide reagent

activity of supernatant liquid vs. alkaloid to reagent ratio gave the stoichiometry of the precipitate. Typical plots for some alkaloids are shown in Fig. 1. The alkaloids form precipitates in 1:1 ratio with potassium thallium(I) iodide. Thus, the precipitate can be assigned the formula as $RH\,Tl\,I_4$ where $RH^+$ is an alkaloid in protonated form. Similar results were obtained by keeping the amount of alkaloid constant and adding varying amount of the reagent.

### *Direct and reverse titrations and sensitivity*

In direct titrations, the labelled reagent is taken in a test tube. In reverse titrations, labelled reagent is taken as a titrant. The minimum concentrations of the alkaloids that can be titrated with potassium thallium(I) iodide reagent are listed in Tab. 1. The sensitivity for each alkaloid is more or less of the same magnitude by both direct and reverse titrations. The high sensitivity obtained with the reagent can be attributed to the relatively high insoluble character of the precipitate of the alkaloids formed with the reagent.

Tab. 1. Sensitivity of radiometric titrations for different alkaloids with potassium thallium(I) iodide reagent

| Alkaloid | Minimum concentration |
|---|---|
| Codeine | $1.0 \times 10^{-3}$ M |
| Morphine | $2.0 \times 10^{-3}$ M |
| Narcotine | $1.0 \times 10^{-4}$ M |
| Papaverine | $0.50 \times 10^{-3}$ M |
| Thebaine | $1.0 \times 10^{-3}$ M |
| Strychnine | $1.0 \times 10^{-4}$ M |
| Brucine | $0.50 \times 10^{-4}$ M |

### *Procedure* (Reverse titrations)

Equal aliquots of the alkaloid solution were transferred to test tubes or centrifuge tubes. Measured quantities of the reagent solution were added to each tube. The total volume of the titration mixture was kept to 5 ml. The precipitate was centrifuged and suitable aliquots of supernatant liquid were measured for their activity. Due care has been while pipetting out the supernatant liquid so that it was not contaminated with the radioactive precipitate. The activity of the supernatant liquid was plotted against the volume of the titrant a liner extrapolation of the two arms of the curve provided an intersection point which was taken as the end point of the titration. As the composition of the precipitate is known, the amount of the alkaloid can be calculated from the volume of the reagent required for obtaining the equivalence point.

### *Effect of foreign substances*

Calcium carbonate, starch, sucrose, glucose, sodium benzoate, saccharin, menthol, terpin hydrate, camphor, chloral hydrate, barbitone sodium and phenobarbitone do not interfere even in 100 fold excess.

Quinine, cinchonine, atropine, ephedrine, berberine and aspirin are found to interfere in the determination.

### *Precision and accuracy*

The accuracy of the method has been checked and the results of the determination of codeine, narcotine and strychnine as typical examples are given in Tab. 2. The results indicate that the method can be successfully applied with an accuracy of ±2.5 per cent.

Tab. 2. Results of determination of some alkaloids by radiometric titrations with potassium thallium(I) iodide reagent

| Alkaloid | Taken mg | Found* mg | % Error |
|---|---|---|---|
| Codeine | 6.00 | 5.95 | −0.83 |
| Narcotine | 4.13 | 4.17 | +0.95 |
| Strychnine | 6.70 | 6.83 | +1.94 |
| Morphine | 5.70 | 5.62 | −1.40 |

* average of 5 determinations

Tab. 3. Results of determination of codeine and narcotine in some pharmaceutical preparations by radiometric titrations with potassium thallium(I) iodide reagent

| Preparation | Alkaloid Label claim mg/unit | Found* mg/unit | % Error |
|---|---|---|---|
| Codeine sulphate tablets | Codeine sulphate 15/tablet | 15.32 | +2.1 |
| Codopyrin tablets | Codeine phosphate 8/tablet | 7.74 | −3.2 |
| Coscopin syrup | Narcotine 7/5 ml | 6.83 | −2.4 |

* average of 5 determinations

### *Determination of codeine and narcotine in pharmaceutical preparations*

The tablets and syrup, described in experimental section, have been extracted for codeine and narcotine by the procedures laid down in Indian Pharmacopoea [8]. Codeine and narcotine in these extracts have been determined by radiometric titrations with labelled potassium thallium(I) iodide reagent and the results are presented in Tab. 3. As evident from the table, the method can be applied with an accuracy of $\pm 3{\cdot}2$ per cent.

Received June 12, 1979

## References

[1] *T. Braun, J. Tolgyessy*, Talanta **11** (1964) 1277
[2] *J. Majer, M. Sarsunova, J. Tolgyessy*, Pharmazie **14** (1959) 218
[3] *M. Sarsunova, J. Tolgyessy, J. Majer*, Pharm. Acta Helv. **35** (1960) 271
[4] *J. Tolgyessy, M. Sarsunova*, Z. Anal. Chem. **196** (1963) 192
[5] *A. M. Nour, A. A. Saleh, A. E. M. Habib, N. Hamad, A. F. Shahaby*, Isotopenpraxis 8 (1972) 274
[6] *P. Horak, J. Zyka*, Ceskoslav. Farm. **12** (1963) 286
[7] *F. A. Cotton, G. Wilkinson*, "Advanced Inorganic Chemistry", Wiley Eastern, New Delhi 1976, p. 264
[8] The Indian Pharmacopoea, Manager of Publications, Delhi, 1966

# Bestimmung thermischer Wirkungsquerschnitte und Resonanzintegrale der Reaktionen $^{58}Fe(n,\gamma)^{59}Fe$, $^{112}Sn(n,\gamma)^{113}Sn/^{113m}In$ und $^{116}Sn(n,\gamma)^{117m}Sn$

*P. Nikolow, S. Niese*

(Institut für Kernforschung und Kernenergie, Sofia, Bulgarien; Zentralinstitut für Kernforschung, Rossendorf[1]))

### (A 34) INIS DESCRIPTORS:

cross sections; experimental data; gamma radiation; iron 58 targets; iron 59; isolated values; isomeric nuclei; neutron reactions; resonance integrals; tin 113; tin 117; tin 112 targets; tin 116 targets

## Einleitung

Die Komparatormethode hat sich in der Reaktoraktivierungsanalyse [1, 2] zur Standardisierung sowie zur kritischen Einschätzung der Literaturwerte für thermische Wirkungsquerschnitte, Resonanzintegrale und absolute $\gamma$-Intensitäten [3–5] bewährt.

Trotz guter Ergebnisse, die das Flußmonitor- und Komparatorpaar $^{95}Zr-^{97m}Zr/^{97}Nb$ liefert [6], bereitet die relativ kurze Halbwertszeit des $^{97m}Zr$ (16·8 h) bei der Verwendung langlebiger Nuklide zur Analyse gewisse Schwierigkeiten.

Die Paare $^{59}Fe-^{113}Sn/^{113m}In$ und $^{59}Fe-^{117m}Sn$ erschienen vorteilhafter, weshalb die Kerndaten der betreffenden Nuklide überprüft wurden [5]. Dabei stellten sich Diskrepanzen zwischen experimentellen und berechneten $k_0$-Faktoren heraus, die uns zu einer experimentellen Bestimmung der Werte für $\sigma_0$ und $I_0$ veranlaßten.

## Methoden zur Bestimmung der Wirkungsquerschnitte

In der *Westcott*-Darsetllung [7] wird ein Neutronenfluß als Produkt aus totaler Neutronendichte und der Geschwindigkeit $v_0 = 2200$ m s$^{-1}$ definiert. Der entsprechende effektive Wirkungsquerschnitt ist

$$\hat{\sigma} = \sigma_0(g + rs) \tag{1}$$

mit dem Wirkungsquerschnitt für Neutronen mit $v_0 = 2200$ m s$^{-1}$ $\sigma_0$, dem relativen Anteil der epithermischen Neutronen $r$ im Neutronenspektrum, wobei als Grenze zwischen dem thermischen und epithermischen Bereich die Energie $\mu kT$ ($\mu = 5$, in den meisten Wasserreaktoren) festgelegt wird, und den Faktoren $g$ und $s$, die die Abweichung des Wirkungsquerschnittes vom $1/v$-Gesetz beschreiben.

[1]) Anschrift: DDR-8051 Dresden, PF 19

In einem Reaktorspektrum gilt

$$s = \frac{1}{\sigma_0}\frac{2}{\sqrt{\pi}}\sqrt{\frac{T}{T_0}}\int\limits_{5kT}^{\infty}\left(\sigma(E) - g\sigma_0\sqrt{\frac{E_0}{E}}\right)\frac{dE}{E} \tag{2}$$

oder

$$s = \frac{1}{\sigma_0}\frac{2}{\sqrt{\pi}}\sqrt{\frac{T}{T_0}}\cdot I_0' \tag{3}$$

($T_0 = 293{,}6$ K, $E_0 = E$ für $T_0$)

wobei $I_0'$ das Resonanzintegral ohne $1/v$-Anteil kennzeichnet. Für die meisten Nuklide gilt

$$I_0' = I_0 - 2g\sigma_0\sqrt{\frac{E_0}{E_{Cd}}} \tag{4}$$

Bei Verwendung des temperaturunabhängigen Terms

$$s_0 = s\sqrt{\frac{T_0}{T}} = \frac{2}{\sqrt{\pi}}\cdot\frac{I_0'}{\sigma_0} \tag{5}$$

verändert sich Gl. (1) zu

$$\hat{\sigma} = \sigma_0\left(g + r\sqrt{\frac{T}{T_0}}s_0\right) \tag{6}$$

Der Spektralindex $r\sqrt{\frac{T}{T_0}}$ kann in den einzelnen Bestrahlungspositionen mit Monitoren bestimmt werden, bei denen $\sigma_0$, $I_0$ und $g$ bekannt sind. Man setzt das gemessene Cadmiumverhältnis $CR$ in

$$r\sqrt{\frac{T}{T_0}} = \frac{g}{CR\left(s_0 + \frac{1}{K}\right) - s_0} \tag{7}$$

ein, wobei $K$ die Variation von $CR$ mit der Dicke des Cd-Filters berücksichtigt und in [7] tabelliert ist.

Tab. 1. Kerndaten der Nuklide

| | $M$ | $h$, % | | $t_{1/2}$ | $E_\gamma$, keV | $\gamma$, % | $\sigma_0$, barn | $I_0$, barn |
|---|---|---|---|---|---|---|---|---|
| $^{59}$Co | 58,93 | 100 | $^{60}$Co | 5,272 a | 1173,2 | 99,88 | 37,0 | 75,0 |
| | | | | | 1332,5 | 100 | | |
| $^{94}$Zr | 91,22 | 17,5 | $^{95}$Zr | 64,05 d | 724,2 | 44,33 | 0,052 | 0,300 |
| | | | | | 756,7 | 56,52 | | |
| $^{96}$Zr | 91,22 | 2,8 | $^{97m}$Zr | 16,8 h | | | | |
| | | | ↓ $\beta^-$ 96% | | | | | |
| | | | $^{97m}$Nb | 54,0 s | 743,3 | 98,00 | 0,020 | 5,00 |
| $^{197}$Au | 196,97 | 100 | $^{198}$Au | 2,695 d | 411,8 | 95,53 | 98,8 | 1550 |
| $^{58}$Fe | 55,85 | 0,31 | $^{59}$Fe | 44,6 d | 1099,2 | 56,5 | | |
| | | | | | 1291,6 | 44,0 | | |
| $^{112}$Sn | 118,69 | 1,0 | $^{113m}$Sn | 20,0 m | | | | |
| | | | ↓ IT 91% | | | | | |
| | | | $^{113}$Sn | 115,1 d | | | | |
| | | | ↓ $^{113m}$In | 1,66 h | 391,7 | 64,17 | | |
| $^{116}$Sn | 118,69 | 14,3 | $^{117m}$Sn | 13,6 d | 158,4 | 90,9 | | |

Der Spektralindex kann auch mit einem Monitorpaar (je eine Reaktion mit kleinem und großem Verhältnis von $I_0/\sigma_0$) erhalten werden [8]:

$$r\sqrt{\frac{T}{T_0}} = \frac{g_1\sigma_{01} - g_2\sigma_{02}R_{1,2}}{s_{02}\sigma_{02}R_{1,2} - s_{01}\sigma_{01}} \tag{8}$$

Das Verhältnis der effektiven Wirkungsquerschnitte $R_{1,2} = \frac{\hat{\sigma}_1}{\hat{\sigma}_2}$ gewinnt man dabei aus den spezifischen Sättigungsaktivitäten der zwei Monitornuklide

$$R_{1,2} = \frac{a_1 M_1 h_2 \gamma_2}{a_2 M_2 h_1 \gamma_1} \tag{9}$$

$$a = \frac{N}{(1 - e^{-\lambda t_b})\, e^{-\lambda t_a}\, m\varepsilon} \text{ — spezifische Sättigungsaktivität}$$

$N$ — Impulsrate in der Gammalinie gemessen,
$t_b$, $t_a$ — Bestrahlungs- und Abklingzeit,
$\lambda$ — Zerfallskonstante,
$\varepsilon$ — Photoeffektivität des Detektors für die gemessene Linie
$\gamma$ — Übergangswahrscheinlichkeit der gemessenen Linie
$m$ — Masse des Monitors
$M$ — Atommasse und $h$ — Isotopenhäufigkeit des Elementes.

Nachdem man den Spektralindex nach einem der beiden Verfahren bestimmt hat, kann man $s_0$ für die interessierende Reaktion entweder aus dem gemessenen Cadmiumverhältnis dieser Reaktion

$$s_0 = \frac{1}{CR - 1}\left[\frac{g}{r\sqrt{\frac{T}{T_0}}} - \frac{CR}{K}\right] \tag{10}$$

oder durch Bestrahlung in zwei Reaktorpositionen I und II mit möglichst großen Unterschieden im Spektralindex erhalten:

$$s_0 = \frac{R_{\mathrm{I,II}}\, g_{\mathrm{II}} - g_{\mathrm{I}}}{\left[\left(r\sqrt{\frac{T}{T_0}}\right)_{\mathrm{I}} - R_{\mathrm{I,II}}\left(r\sqrt{\frac{T}{T_0}}\right)_{\mathrm{II}}\right]} \tag{11}$$

darin ist $R_{\mathrm{I,II}} = \frac{\hat{\sigma}_{\mathrm{I}}}{\hat{\sigma}_{\mathrm{II}}}$

Die dazu notwendigen effektiven Wirkungsquerschnitte werden aus effektiven Wirkungsquerschnitten von Monitorisotopen $\hat{\sigma}_M$ und den entsprechenden spezifischen Sättigungsaktivitäten erhalten:

$$\hat{\sigma} = \frac{a\, M\, h_M\, \gamma_M}{a_M\, M_M\, h\, \gamma}\, \hat{\sigma}_M \tag{12}$$

Gegebenenfalls unter Verwendung von $g$-Faktoren, die in Abhängigkeit von der Neutronentemperatur in [9] tabelliert sind, können wir jetzt unter Verwendung der Gleichungen (6) und (5) $\sigma_0$ und $I_0'$ berechnen.

Tab. 1 zeigt die zur Berechnung der interessierenden Wirkungsquerschnitte verwendeten Kerndaten. Sie wurden nach dem $k_0$-Verfahren [4, 5] aus Literaturwerten ausgewählt. Es ist besonders wichtig, sich auf einen Wert für die Übergangswahrscheinlichkeit der 158,4-keV-Gammalinie des $^{117m}$Sn festzulegen.

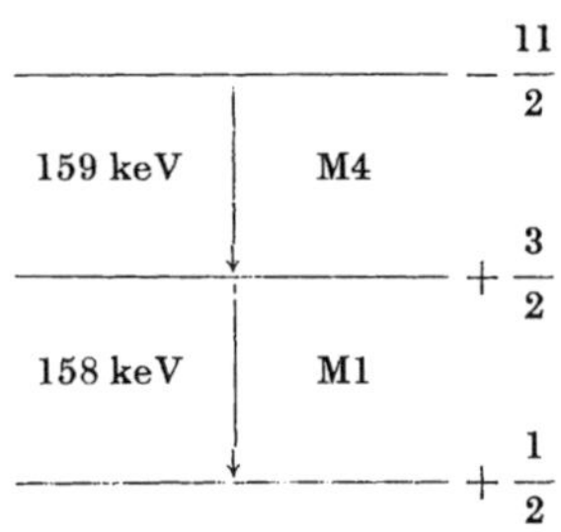


Abb. 1. Zerfallsschema von $^{117m}$Sn

Tab. 2. Konversionskoeffizienten des $^{117}$Sn (158,4 keV)

| Übergang | M4 | M1 |
|---|---|---|
| $\alpha_K$ | 35,80 | 0,1530 |
| $\alpha_{L,tot}$ | 13,24 | 0,0182 |
| $\alpha_{M,tot}$ | 3,48 | 0,0039 |
| $\alpha_{tot}$ | 52,52 | 0,1751 |

Das Zerfallsschema von $^{117m}$Sn zeigt Abb. 1 [10]. Die Konversionskoeffizienten beider Übergänge sind in Tab. 2 zusammengestellt. Für die Summe der Wahrscheinlichkeiten beider Übergänge

$$\gamma = \frac{1}{1 + \alpha_{\mathrm{tot}\,M4}} + \frac{1}{1 + \alpha_{\mathrm{tot}\,M1}} \tag{13}$$

die in Tab. 2 aufgeführt [11] sind, erhält man 87,0% [12]. Wir haben unsere Berechnungen mit dem neueren Wert 90,9% [6], der dem vorgenannten ähnlich ist, durchgeführt. Der Wert 65,0% [13] wurde nicht verwendet. Es muß jedoch betont werden, daß ein um den Faktor $f$ vom wahren Wert $\gamma$ abweichender gewählter Wert $\gamma^* = f\gamma$ bei unserer Methode zu ebenfalls um $f$ abweichende Werte von $\sigma_0$ und $I_0$ führt.

## Experimentelles

Die Bestrahlungen erfolgten in den Kanälen A6-1 und B11-3 (Aluminium- bzw. Berylliumreflektor) des Rossendorfer Forschungsreaktors. Zur Messung setzten wir ein automatisches Gammaspektrometer [14] mit modifiziert-koaxialem Ge(Li)-Detektor (18 cm³ aktives Volumen, 1,3% relative Effektivität) ein. Die Photoeffektivitäten des Detektors wurden bei unterschiedlichen Energien und Abständen unter Verwendung der Nuklide $^{75}$Se, $^{133}$Ba, $^{169}$Yb, $^{182}$Ta, und $^{226}$Ra sowie zweier geeichter Quellensätze mit $^{22}$Na, $^{54}$Mn, $^{57}$Co, $^{60}$Co, $^{65}$Zn, $^{88}$Y, $^{113}$Sn, $^{137}$Cs, $^{203}$Hg und $^{241}$Am bestimmt [15, 16].

Es wurden kleine Stücke von Fe-Draht (0,35 mm ∅), Zr-Folie (0,25 mm Dicke), Sn-Folie (0,045 mm Dicke), Al-Blech mit 0,104% Au (1 mm Dicke) und Al-Blech mit 0,698% Co in fünf Probenserien in Position A6-1 und vier Serien in B11-3 bestrahlt, wobei jede Serie fünf Proben des untersuchten Elements und je drei Au-, Co- und Zr-Standards enthielt.

Die Experimente zur Bestimmung der Cd-Verhältnisse wurden im Kanal B11-3 durchgeführt, indem wir nacheinander vier Probenserien je 20 h bestrahlten. Die einzelnen Proben waren in kleine Quarzampullen gepackt und diese dann in eine große Ampulle eingeschmolzen worden.

Die Bestrahlung der zweiten und vierten Serie erfolgte in Cadmiumhüllen mit einer gewichteten Wandstärke von 0,65 mm, einem Wert von 2,121 für K entsprechend.

Der Spektralindex $r\sqrt{\frac{T}{T_0}}$ in der Position B11-3 war sowohl aus dem Cadmiumverhältnis von $^{198}$Au nach Gleichung (7) als auch unter Verwendung der Monitorpaare $^{60}$Co—$^{198}$Au, und $^{95}$Zr—$^{97m}$Zr nach Gleichung (8) vorgenommen worden. Die in Tab. 3 sichtbare gute Übereinstimmung veranlaßte uns zur weiteren Benutzung von Zr als Flußmonitor.

Tab. 3. Flußverhältnisse in B11-3

| Monitoren | $f = \frac{\Phi_{th}}{\Phi_{epi}}$ | $r\sqrt{\frac{T}{T_0}}$ |
|---|---|---|
| $^{198}$Au(*CR*) | 27,61 | 0,03127 |
| $^{60}$Co—$^{198}$Au | 27,49 | 0,03139 |
| $^{95}$Zr—$^{97m}$Zr/$^{97}$Nb | 27,15 | 0,03211 |
| Arith. Mittel | 27,42 | 0,03159 |
| Standardabweichung | 0,24 | 0,0006 |

Aus dem Cd-Verhältnis von $^{198}$Au wurde das Flußverhältnis auch nach

$$f = (CR_{Au} - 1)\left(\frac{I_0}{g\sigma_0}\right)_{Au} \tag{14}$$

ermittelt.

In der Position A6-1 ergab die Berechnung des Flußverhältnisses $f = \frac{\Phi_{th}}{\Phi_{epi}}$ mit Zr als Flußmonitor nach Gleichung

$$f = \frac{\frac{a_1 M_1 h_2 \gamma_2 \sigma_{02} I_{02}}{a_2 M_2 h_1 \gamma_1 \sigma_{01} \sigma_{02}} - \frac{I_{01}}{\sigma_{01}}}{1 - \frac{a_1}{a_2}\frac{M_1 h_2 \gamma_2 \sigma_{02}}{M_2 h_1 \gamma_1 \sigma_{01}}} \tag{15}$$

53,47 ± 2,91 und für $r\sqrt{\frac{T}{T_0}}$ 0,01561 ± 0,00003.

Zuerst bestimmten wir $\sigma_0$ und $I_0$ der untersuchten Reaktionen aus den Bestrahlungen mit und ohne Cd-Hülle in B11-3 unter Verwendung der Gleichungen (5, 6, 10 und 12) mit dem Mittelwert

Tab. 4. Experimentell bestimmte Werte für $\sigma_0$ und $I_0$
(*CR* = Mit Cadmiumverhältnis bestimmt, Pos = Durch Bestrahlung in zwei Positionen bestimmt)

| Nuklid | $E_\gamma$, keV | Methode | *CR* | $\sigma_0$ | $I_0$ | $I_0/\sigma_0$ |
|---|---|---|---|---|---|---|
| $^{59}$Fe | 1099,2 | CR | 26,887 | 1,215 ± 0,052 | 1,262 ± 0,054 | 1,039 |
| | 1291,6 | CR | 26,440 | 1,195 ± 0,052 | 1,263 ± 0,054 | 1,057 |
| | | MW: | | 1,20 ± 0,05 | 1,26 ± 0,05 | 1,05 |
| $^{113}$Sn | 391,7 | CR | 1,520 | 0,545 ± 0,03 | 27,93 ± 1,54 | 51,2 |
| | | Pos | — | 0,549 ± 0,066 | 27,84 ± 1,77 | 51,4 |
| | | MW: | | 0,547 ± 0,03 | 27,9 ± 1,6 | 51,3 |
| $^{117m}$Sn | 158,4 | CR | 1,143 | 0,00544 ± 0,0003 | 1,013 ± 0,047 | 186 |
| | | Pos | — | 0,00539 ± 0,0006 | 1,014 ± 0,017 | 188 |
| | | MW: | | 0,00542 ± 0,0003 | 1,014 ± 0,02 | 187 |

Tab. 5. Vergleich der Daten mit Literaturwerten

| | $^{59}$Fe | | $^{113}$Sn | | $^{117m}$Sn | |
|---|---|---|---|---|---|---|
| | $\sigma_0$ | $I_0$ | $\sigma_0$ | $I_0$ | $\sigma_0$ | $I_0$ |
| Diese Arbeit | 1,20 | 1,26 | 0,55 | 27,9 | 0,0054 | 1,01 |
| Literaturwerte | 1,20 [17] | 1,70 [17] | 1,1 [17] | 42 [17] | 0,006 [17] | 0,49 [17] |
| | 1,23 [18] | 1,27 [18] | 0,52 [19] | 25,4 [19] | | |
| | | | 0,71 [20] | 27,4 [20] | | |

aus Tab. 3 für den Spektralindex. Danach benutzten wir die erste und dritte Probenserie der Bestrahlung in B11-3 zusammen mit den fünf Serien von A6-1 für die Bestimmung der Wirkungsquerschnitte und Resonanzintegrale nach Gl. (5, 6, 11 und 12). Die Ergebnisse zeigt Tab. 4.

Für $^{197}Au$ wurde mit $g = 1{,}0061$ (einer Neutronentemperatur von 80 °C entsprechend) gerechnet, für alle anderen Nuklide $g = 1$ gesetzt. Dementsprechend wurde aus $I_0'$ nach Gleichung (4) $I_0$ berechnet:

$$I_0 = I_0' + 0{,}424\,\sigma_0$$

## Diskussion

In Tab. 5 sind die bestimmten Wirkungsquerschnitte Literaturwerten gegenübergestellt. Für das Resonanzintegral der Reaktion $^{116}Sn(n, \gamma)^{117m}Sn$ wurde ein Wert gefunden, der um den Faktor 2 über dem Literaturwert liegt.

Eingegangen am 12. 6. 1979

## Literatur

[1] *F. de Corte, A. Speecke, J. Hoste,* J. Radioanal. Chem. 3 (1969) 205

[2] *A. Simonits, F. de Corte, J. Hoste,* ibid. 24 (1975) 31

[3] *L. Moens, F. de Corte, J. Hoste, A. Simonits,* ibid. 45 (1978) 221

[4] *A. Simonits, L. Moens, F. de Corte, J. Hoste, A. de Wispelaere,* A. Elek. paper presented 5th Symposium on the Recent Developments in Activation Analysis, Oxford, 1978

[5] *P. Nikolow, S. Niese,* J. Radioanal. Chem. (im Druck)

[6] *A. Simonits, F. De Corte, J. Hoste,* ibid. 31 (1976) 467

[7] *C. H. Westcott, W. W. Walker, T. K. Alexander,* 20nd Intern. Conf. on the Peaceful Use of Atomic Energy 16 (1958) 70

[8] *E. M. Gryntakis, J. I. Kim,* J. inorg. nucl. Chem. 36 (1974) 1447

[9] *E. M. Gryntakis, J. I. Kim,* Radiochimica Acta 22 (1975) 128

[10] *C. M. Lederer* et al. Tables of Isotopes, John Wileys & Sons inc. (1967)

[11] *Hager, Seltzer,* Internal Conversion Tables, Nuclear Data A4 (1968) 1

[12] *Chr. Meixner,* Gammaenergien, Jül-811-RX bis Jül-813-RX

[13] *G. Erdmann, W. Soyka,* Die Gammalinien der Radionuklide Jül-1003 (1974)

[14] *M. Kahlenbach, W. Görner, G. Loos,* J. Radioanal. Chem. 28 (1975) 263

[15] *R. Gehrke, R. Helmer, R. Greenwood,* Nucl. Instr. Meth. 147 (1977) 405

[16] *W. Görner, P. Nikolow,* Isotopenpraxis (im Druck)

[17] *R. Van den Linden, F. de Corte, P. Van den Winkel, J. Hoste,* ibid. 11 (1972) 133; 20 (1974) 695

[18] *E. Steines,* J. inorg. nucl. Chem. 34 (1972) 2699

[19] *W. Maenhaut, F. Adams, J. Hoste,* J. Radioanal. Chem. 16 (1973) 39

[20] IAEA, „Handbook on Nuclear Activation Cross-Section" Techn. Rept. Ser. 156 (1974)

# Informationen

**DDR.** Im Jahre 1980 sind an Akademie-, Universitäts- und Hochschulinstituten der DDR folgende postgraduale Weiterbildungsveranstaltungen auf dem Gebiet der Isotopen- und Strahlentechnik vorgesehen:

Zentralinstitut für Isotopen- und Strahlenforschung der AdW, Leipzig:

2nd Working Meeting on Radiation Interaction, 22nd—26th September 1980 (Arbeitssprache: Englisch).

Die Teilnehmergebühr beträgt 205,— M.

Interessenten wenden sich an das Zentralinstitut für Isotopen- und Strahlenforschung der AdW der DDR, 705 Leipzig, Permoserstr. 15.

Zentralinstitut für Isotopen- und Strahlenforschung der AdW, Bereich Strahlenquellen und Nuklearpharmaka, Berlin-Buch:

Radiochemische Praktika:

3. 3.—28. 3. 1980
19. 5.—13. 6. 1980
15. 9.—10. 10. 1980
10. 11.—5. 12. 1980

Das vierwöchige radiochemische Praktikum vermittelt Grundlagen für die Anwendung radioaktiver Indikatoren unter besonderer Orientierung auf den Einsatz im Bereich der Biowissenschaften. Unter dem Aspekt der Wechselwirkung von Strahlung und Materie werden Grundprinzipien der Meßtechnik und des Strahlenschutzes erarbeitet, wobei Ionisations- und Szintillationsdetektoren einschließlich Simultanmessungen von $^3H$ und $^{14}C$ am Flüssigkeitsszintillationsspektrometer vorgestellt werden. Im kernchemischen Abschnitt werden u. a. in Versuchen mit Generatornukliden die Zerfallsgesetze, Modelluntersuchungen zur Aktivierungsanalyse, Indikator-Kompartimentkinetik sowie Isotopenverdünnungsmethoden behandelt. Als spezielle Anwendungsbeispiele typischer Indikatormethoden stehen Versuche zum Zellmembrantransport, Herstellung und Einsatz von markierten Erythrozyten, Proteinmarkierung und Radiojod sowie radioimmunologische Analysenverfahren auf dem Programm.

Die Teilnehmergebühr beträgt 400,— M.

Interessenten wenden sich an das Zentralinstitut für Isotopen- und Strahlenforschung der AdW der DDR, Bereich SN, 1151 Berlin-Buch, Lindenberger Weg 70.

Technische Universität Dresden, Sektion Physik, Wissenschaftsbereich Angewandte Kernphysik:

Es sind Weiterbildungskurse von jeweils einer Woche zu folgenden Themen vorgesehen:

- Quantenspektrometrie mit Halbleiterdetektoren und Spektrenauswertung mit Kleinrechnern
- Zerstörungsfreie Aktivierungsanalyse mit Isotopenneutronenquellen und mit 14-MeV-Neutronengenerator
- Verweilzeitmessung und Mischungsuntersuchungen mit radioaktiven Indikatoren
- Grundlagen der Strahlungsmeßtechnik bei der industriellen Anwendung radioaktiver Stoffe.

Die Teilnehmerzahl pro Kurs ist auf 18 begrenzt. Die Teilnehmergebühr beträgt 10,— M.

Um Auskünfte, insbesondere über die geplanten Termine, wenden sich Interessenten an: TU Dresden, Sektion Physik, WB Angewandte Physik, 8027 Dresden, Mommsenstr. 13.

Technische Hochschule Leipzig, Sektion Technologie der Bauproduktion, Lehrstuhl Physik und Meßtechnik:

Postgraduales Studium mit Fachabschluß „Zerstörungsfreie Prüf- und Meßtechnik im Bauwesen". Die Studiendauer beträgt 2 Jahre (Vorlesungen, Seminare, Übungen und Praktika insgesamt 290 Stunden, Selbststudium 580 Stunden). Rund 25% der Studiendauer sind dem Fachgebiet „Zerstörungsfreie Prüfung mit radioaktiven Nukliden" gewidmet (theoretische Grundlagen, Strahlendetektoren, Dichtemessung mit Gammastrahlen, Feuchtemessung mit Neutronen, Strahlenschutz).

Das nächste postgraduale Studium beginnt im August 1980. Die Teilnehmergebühr beträgt 240,— M.
Interessenten wenden sich an die o. g. Institution, 703 Leipzig, Karl-Liebknecht-Str. 132.

Technische Hochschule Magdeburg, Wissenschaftsbereich Werkstofftechnik und FUA „Prüfung mit ionisierender Strahlung" der Montanwissenschaftlichen Gesellschaft der DDR:

Isotopenkurse „Gamma-Defektoskopie" mit folgenden inhaltlichen Schwerpunkten: atomphysikalische Grundlagen; Theorie der Durchstrahlung; Durchstrahlungstechnik; kernphysikalische Meßmethoden; Aufbau und Wirkungsweise von Arbeitsgeräten; Filme, Filmbehandlung und Filmfehler; medizinisch-biologische Strahlenwirkung; technischer Strahlenschutz, Normierung und Standardisierung; Automatisierung der Prüfung. An praktischen Übungen werden durchgeführt: Prüfung von Schweiß- und Nietverbindungen, Schmiede- und Gußteilen, Rohren und Flanschen, Baustoffen, Auftragsschichten. Strahlenschutzberechnungen und -messungen vervollständigen die Ausbildung.
Der Kursus umfaßt 140 Stunden, davon 60 Stunden theoretische Ausbildung.

Die nächsten Termine sind:

59. Kursus 9. 6.—28. 6. 1980

60. Kursus 12. 1.—31. 1. 1981

Die Teilnehmerzahl ist auf 16 bis 18 Personen beschränkt. Die Teilnehmergebühr beträgt 575,— M.

Interessenten wenden sich an: BVO Magdeburg der IdT, Ref. Weiterbildung, 301 Magdeburg, Karl-Marx-Str.

**DDR.** Neue Reports des Staatlichen Amtes für Atomsicherheit und Strahlenschutz der DDR (SAAS):

SAAS-245: III. Tagung der Arbeitsgemeinschaft Strahlenbiologie der Gesellschaft für medizinische Radiologie der DDR, 10.—12. März 1977, Saßnitz — ausgewählte Vorträge — (Themenkreise: Tumorstrahlenbiologie, biologische Wirkungen kleiner Strahlendosen und ihre Erfassung, akute Strahlenkrankheit im Experiment, Pathologie der Strahlenwirkung).

SAAS-247: Praktische Meßeinrichtungen für direkte Inkorporationskontrollen (*H. Klucke* — Practical Measuring Facilities for Direct Incorporation Monitoring).

**UdSSR.** In Heft 8/1979 der Zeitschrift „Atomnaja Energija" sind u. a. folgende Beiträge enthalten:

Auswahl des organischen Verdünnungsmittels für die extraktive Wiederaufarbeitung von abgebranntem KKW-Brennstoff (*G. F. Jegorow* u. a.);
Analyse der Ausbeute der unter der Einwirkung hochenergetischer Protonen gebildeten Neutronen (*I. Nakahara, H. Takahashi*);
Prinzipien des Aufbaus von Koordinaten-Kristalldetektoren für Kernstrahlungen (*B. M. Lebed, I. I. Martschik*);
Gewinnung von $^{109}$Cd bei der Neutronenbestrahlung von $^{107}$Ag im Reaktor (*A. G. Beda* u. a.);
Berechnung von Strahlenbelastungen durch sekundäre Neutronen bei der Protonenbestrahlung von Geschwülsten (*W. I. Kostjutschenko* u. a.);

Kurze Originalmitteilungen:

Vakuum-Spaltkammern für den Nachweis von Neutronen (*A. B. Dmitrijew* u. a.);
Zustandsdiagramme von Systemen Urantrifluorid-Alkalifluorid (*W. A. Wolkow* u. a.);
Zur Berechnung der Parameter von Szintillationsdetektoren für niedrige Gammaaktivitäten (*I. F. Lukaschin*);
Koeffizienten der Elektronen-Rückstreuung (*G. B. Radsijewski*);
Messung der Aktivitätsverteilung von Quellen mit einer zerstörungsfreien Methode (*W. N. Grosnow* u. a.);
Röntgenfluoreszenzanalyse von Uran in Wasser unter Verwendung von Radioisotopen-Alphaquellen (*S. M. Brodski* u. a.).

# Buchbesprechungen

**Les réacteurs de fission naturels — Natural Fission Reactors Proceed. Meeting Technical Committee, Paris, 19—21 December 1977**

*International Atomic Energy Agency, Vienna 1978 (STI/PUB 475). XV, 754 S.; div. Abb. u. Tab.; kart. $ 60.00*

Das Oklo-Phänomen wird seit seiner Entdeckung im Jahre 1972 von vielen Fachleuten der verschiedensten Richtungen untersucht. Nach dem Symposium von 1975 in Libreville (Gabun) fand im Dezember 1977 in Paris eine Tagung statt, auf der die neuesten Ergebnisse vorgelegt wurden.

Mit dem Voranschreiten des Bergbaus konnten weitere Reaktor-Zonen gefunden werden. Eine davon wurde als Naturdenkmal verwahrt. Die geologische Geschichte der Reaktor-Zonen wird jetzt in vielen Einzelheiten besser verstanden (Genese der Uranvererzung; zeitlicher Verlauf von Druck und Temperatur; Entwicklung der Isotopenverhältnisse und der Spaltprodukte).

Die Erforschung des Oklo-Phänomens, die mit neuesten Methoden und großem Aufwand betrieben wird, ist keineswegs „akademisch" im Sinne von weltfern oder lebensfremd. Die außerordentlich kurzen Wanderwege der Spaltprodukte und die Stabilität solcher Trägerstoffe wie Uraninit und Thorianit sind Befunde, die für die Technologie der Lagerung des „Atommülls", über die in den Industrieländern so viel diskutiert wird, große praktische Bedeutung haben können.

Der Band enthält die Texte der Vorträge (mit Diskussionen) und der Rundtisch-Gespräche und ist — wie gewohnt — vorbildlich ausgestattet. Die Darlegungen werden von Physikern, Chemikern, Technologen, Geologen, Geochemikern und Geophysikern aufmerksam gelesen werden.

*K. H. Köhler*

**Radiation Safety Training Criteria for Industrial Radiography NCRP Report No. 61, Ausgabe 1. Nov. 78**

*National Council on Radiation Protection and Measurements, Heft, 32 S.*

Anhand von Strahlungsunfällen in den USA wird eine ausführliche Begründung für die Notwendigkeit gegeben, Strahlenschutz-Ausbildungen für Röntgen- und Isotopen-Personal durchzuführen. Es werden die Forderungen aufgestellt, die ein Prüfer erfüllen muß, um als selbständiger Prüfer arbeiten zu dürfen.

Die Strahlenschutz-Ausbildung ist ein fortwährender Prozeß, deshalb sind drei prinzipielle Ausbildungsstufen vorgesehen:

1. Anfangs-Schulung für alle Prüfer, die als verantwortliche Prüfer vorgesehen sind, bevor sie die Prüferlaubnis erhalten. Die Hauptpunkte der Ausbildung sind: Grundlagen der Strahlung und des Strahlenschutzes — Grundlagen der Radiographie — Gesetzliche Vorschriften und Genehmigungen für die Anwendung der Radiographie — Verhalten bei außergewöhnlichen Ereignissen — Praktische Übungen

Die Lehrgangsdauer beträgt 80 Stunden.

2. Spezial-Schulen (den Prüfaufgaben angepaßte Schulung) Hierbei werden die im Anfangskurs erworbenen Kenntnisse vertieft und erweitert, wobei das Hauptgewicht auf die Beseitigung von Störungen bzw. Havarien und auf das Verhalten bei außergewöhnlichen Ereignissen gelegt wird. Die Lehrgangsdauer ist abhängig von der Komplexität des Prüfprogrammes. Die Abschlußprüfung kann vom Strahlenschutz-Verantwortlichen und dem unmittelbaren Vorgesetzten abgenommen werden.

3. Periodische Schulung. Sie soll im Betrieb in einem 1/2-jährlichen Rhythmus oder dann durchgeführt werden, wenn andere Prüfgeräte eingeführt oder andere Prüfmethoden angewendet werden bzw. andere Prüfaufgaben stehen (z. B. bei betrieblicher Umstellung auf andere Erzeugnisse).

Die Dauer dieser Schulung ist von diesen Änderungen abhängig. Die schriftliche und die praktische Prüfung darf nicht vom unmittelbaren Vorgesetzten abgenommen werden.

Im Anhang A sind die zulässigen Dosiswerte für beruflich mit Strahlung Beschäftigte und für die Bevölkerung und im Anhang B sind die Vorschriften für die Genehmigungs-Erteilung für den Umgang mit radiographischen Geräten und Einrichtungen zusammengestellt.

Diese US-amerikanische Vorschrift geht inhaltlich nicht über das hinaus, was in der DDR schon seit Jahren praktiziert wird.

*E. Becker*

**Schicksalsfrage Kernenergie**

*K. Winnacker, Düsseldorf — Wien: Econ-Verlag 1978, 288 S., 17 Abb.; geb. DM 34,—*

Vor dem Hintergrund der Entwicklung des Energiebedarfs in der Vergangenheit, Gegenwart und Zukunft untersucht der Autor die Rolle, die die Kernenergie bei der Deckung des abzusehenden Defizits zwischen Bedarf und Aufkommen — in erster Linie aus der Sicht der westlichen Industrieländer — spielen kann und muß.

Nach einer kurzen Darstellung der kernphysikalischen Grundlagen für die Kernenergiegewinnung und der wichtigsten historischen Entwicklungsetappen auf diesem Gebiet werden die für den industriellen Einsatz geeigneten Reaktortypen (Schwerwasser-, Leichtwasser- und Graphitreaktoren, schnelle Brüter) und ihr technischer Stand (vor allem in den USA, Großbritannien, Frankreich, Kanada und in der BRD) sowie ihre ökonomischen Kennziffern erläutert. Ein Kapitel ist den Aussichten der gesteuerten Kernfusion gewidmet. In weiteren Abschnitten wird auf Fragen der nuklearen Entsorgung und auf Probleme der Strahlenbelastung, des Strahlenschutzes und der Betriebssicherheit von Kernreaktoren eingegangen.

Ein Verzeichnis ausgewählter Begriffe aus der Kerntechnik mit Erläuterungen sowie ein Personen- und Sachregister vervollständigen dieses interessante Buch, das auf Grund der objektiven Darstellung der Sachverhalte im wissenschaftlich-technischen Bereich der friedlichen Nutzung der Kernenergie eine wertvolle Hilfe in der Auseinandersetzung mit den z. T. erschreckend unsinnigen Argumenten der sog. Kernenergiegegner westlicher Provenienz sein kann.

*K. Uhlig*

**Klinische Strahlenbiologie**

*Th. Herrmann, Jena: Gustav-Fischer-Verlag 1978. 112 Seiten. 45 Abb., 5 Tab., 11 Übersichten; brosch. M 5,60*

In der Monographie werden in 7 gut gegliederten Kapiteln behandelt:

1. Wechselwirkung ionisierender Strahlen mit biologischen Objekten
2. Wirkung ionisierender Strahlen in Chemie und Biochemie
3. Strahlenbedingte Veränderungen im zellulären Bereich
4. Einwirkungen ionisierender Strahlen auf Vererbung und Fortpflanzung
5. Induktion maligner Neoplasien durch ionisierende Strahlen
6. Strahlenwirkung auf Gewebe und Organe
7. Akute Strahlenkrankheit.

Die einzelnen Kapitel sind durch zahlreiche Abbildungen und Tabellen übersichtlich und anschaulich dargestellt; wichtige Fakten und Leitsätze sind durch Kursivdruck hervorgehoben. Weitere Vorteile der Monographie sind ein 6 Seiten umfassendes Register und 24 wesentliche Literaturhinweise.

Mängel der Monographie sind:

a) Die SI-Einheiten werden nur im Anfang aufgeführt, aber nicht im Text angewendet. Dadurch entstehen in Zukunft Schwierigkeiten beim Durcharbeiten der Monographie für den Personenkreis, für den sie geschrieben ist, und für den Arzt, der sich zum Facharzt für Radiologie weiterbildet.
b) Der Zusammenhang von Strahlentherapie und biologischer Wirkung wird relativ breit dargelegt, ebenso der Einfluß von ionisierender Strahlung auf Vererbung und Fortpflanzung. Es genügt darum nicht mehr, die mittlere zivilisatorische Strahlenexposition durch medizinische Strahlenanwendung mit 50 mrem/a anzugeben. Hier hätten für repräsentative röntgendiagnostische und nuklearmedizinische Untersuchungsverfahren die Strahlenbelastungen angegeben werden sollen.

*H.-J. Altenbrunn*

**Funktionelle Biochemie des Menschen**

*E. Hofmann, Berlin: Akademie-Verlag 1978. Bd. 1: 305 S., 62 Abb., 22 Tab.; Taschenbuch M 12,50 — Bd. 2: 337 S., 47 Abb., 14 Tab.; Taschenbuch M 12,50*

Die beiden Bände „Funktionelle Biochemie des Menschen“ sind in der Reihe Biologie der Wissenschaftlichen Taschenbücher des Akademie-Verlags erschienen (Band 128 und 129).

Ausgehend von einer klassischen Gebietsgliederung der physiologischen Chemie stellt der Autor den behandelten Stoff auf der Grundlage des aktuellen Erkenntnisstandes der Biochemie dar, wobei er über den Rahmen des den Studierenden der Medizin, Biochemie, Biologie u. ä. Disziplinen üblicherweise vermittelten Wissens hinausgeht. Die „Funktionelle Biochemie des Menschen“ baut auf der vierbändigen „Dynamischen Biochemie“ (WTB-Reihe Biologie) des gleichen Verfassers auf, wobei jedoch wesentliche Überschneidungen vermieden wurden.

Die „Funktionelle Biochemie ...“ ist (vorzüglich detailliert) wie folgt gegliedert: Das Blut; der Wasser- und Elektrolythaushalt des Organismus; der Säure-Basen-Haushalt; die Biochemie des Binde- und Stützgewebes; der Mineralstoffwechsel (Band 1); Hormone; der Organstoffwechsel; Verdauung und Resorption; die Vitamine; Stoffwechsel und Ernährung (Band 2).

Hinweise auf weiterführende literarische Publikationen sowie Originalveröffentlichungen und Monographien und ein (etwas sparsames) Sachregister sind angefügt.

Knappe Formulierungen dort, wo es richtig ist, verleihen dem Werk fast lexikalischen Charakter; kurzgefaßte, aber tiefgehende Darstellungen machen es zu einem anspruchsvollen Lehrbuch.

*K. Uhlig*

*J. Tsilkova, V. Jedinakova, J. Chibulkova*

Extraction of Lanthanides from Nitric Solutions by Means of Tertiary and Quartery Ammonium Bases (*in Russian*)

Isotopenpraxis 16 (1980) No. 1, p. 17 to 20
7 Fig., 4 Tab., 3 Ref.

Investigation of the problem of separating La(III), Eu(III) and Gd(III) as well as their separation from some other metallic salts from nitric solutions through extraction performed by means of benzyl dialcyl amines and benzyl-trialcyl ammonium bases with concentrations of nitric acid being 0,5 M and more, when carried out in the presence of salting-out agents, yielded the following results: With the concentrations of nitric acid as indicated above, the distribution coefficients obtained through extraction by means of benzyl dialcyl amines were notably higher than with trialcyl amines. The most efficient proved to be benzyl dibutyl amine, which rendered possible a distribution coefficient of about 10. This value is higher by about the factor 1000 than the one obtained with trialcyl amines. Separation of lanthanides by means of quartery benzyl-trialcyl ammonium bases yields distribution coefficients even higher than those achieved with tertiary benzyl derivatives.
The separation coefficients for Eu/Cs, Eu/Sr, Eu/Fe, Eu/Zr arrive at values between 100 and 1000; they are above 1000 for Eu/Al, Eu/Ca and Eu/Mg.
The economic parameters of these benzyl dialcyl amines and quartery bases (at commercial prices) render possible their use in hydrometallurgy and for the separation of lanthanides from irradiated nuclear fuel.

*Я. Жилкова, В. Единакова, Я. Цибулкова*

Экстракция лантанидов третичными аминами и четвертичными аммониевыми основаниями из азотнокислых растворов (*на русск. язщыке*)

Isotopenpraxis 16 (1980) вып. 1, стр. 17 до 20
7 рис., 4 табл., 3 лит.

При исследовании выделения La(III), Eu(III) и Gd(III) и их отделения от некоторых других солей металлов из азотнокислых растворов экстракцией бензилдиалкиламинами и бензилтриалкиламмониевыми основаниями при концентрации азотной кислоты 0,5 *M* и выше в присутствии высаливателей были получены следующие результаты: При экстракции бензилдиалкиламинами в условиях выше упомянутых концентраций азотной кислоты коэффициенты распределения значительно выше, чем у триалкиламинов. Самым эффективным является бензилдибутиламин, у которого коэффициенты распределения лантанидов около десяти, что является величиной почти в 1000 раз большей, чем коэффициенты распределения у триалкиламинов. При выделении лантанидов четвертичными бензилтриалкиламмониевыми основаниями коэффициенты распределения еще выше чем у третичных бензил-производных.
Коэффициенты разделения Eu/Cs, Eu/Sr, Eu/Fe и Eu/Zr достигают величин от сотен до тысяч, у Eu/Al, Eu/Ca и Eu/Mg величин выше тысяч.
Экономические параметры этих бензилдиалкиламинов и четвертичных оснований (цена их синтезирования в промышленном масштабе) выгодны для их использования в гидрометаллургии и при разделении лантанидов от некоторых продуктов облученного ядерного топлива в ядерной технологии.

*M. Alm, R. Dreyer*

Investigation of the Behaviour of Inorganic Forms of Radioiodine with Coolant Loss of Pressurized-Water Reactor

Isotopenpraxis 16 (1980) No. 1, p. 20 to 25
2 Fig., 4 Tab., 19 Ref.

Coolant loss of a pressurized-water reactor was simulated under laboratory conditions to study the behaviour of inorganic forms of radioiodine. An autoclave was used as a pressure-relief system to simulate primary-circuit conditions, while an expansion vessel simulated the conditions of coolant loss. Through a period up to 43 days after pressure relief the composition of the steam-air mixture containing radioidine was controlled within the expansion vessel at temperatures ranging from 25 to 80 °C. Proceeding from the yielded measuring values and from the comparative data known from literature, both qualitative and quantitative assessment was made with regard to the forms of radioiodine arising after coolant loss in an aerodisperse system.

*М. Альм, Р. Драер*

Исследования по поведению неорганических видов радиойода в связи с потерями теплоносителя водо-водяного реактора

Isotopenpraxis 16 (1980) вып. 1, стр. 20 до 25
2 рис., 4 табл., 19 лит.

В условиях, симулированных в лабораторном масштабе, было исследовано поведение неорганических видов радиойода в связи с потерями теплоносителя водо-водяного реактора. Аппаратура для разгрузки давления в виде автоклава симулировала условия первого контура, в то время когда условия потери теплоносителя были симулированы с помощью расширительного сосуда. Состав содержащей радийод смеси водяной пар/воздух в течение 43 дней после разгрузки давления наблюдался при температурах от 25 до 80 °C. Из полученных значений и известных из литературы сравнительных данных были сделаны качественные и количественные выводы относительно видов радиойода, возникающих в аэродисперсной системе после потери теплоносителя.

*M. Mielcarski, H. Iwińska*

Radioactive Enamels Containing Plutonium-239 (*in English*)

Isotopenpraxis 16 (1980) No. 1, p. 26 to 28
5 Fig., 2 Tab., 6 Ref.

Inorganic enamels containing plutonium-239 were investigated from the point of view of their ionizing ability. The effect of enamels composition on the ionization is discussed.

*М. Мелкарский, Х. Ивинска*

Радиоактивные эмали, содержащие плутоний-239 (*на англ. языке*)

Isotopenpraxis 16 (1980) вып. 1, стр. 26 до 28
5 рис., 2 табл., 6 лит.

Неорганические эмали, содержащие плутоний-239, были обследованы на предмет способности к ионизации. Обсуждался эффект, который состав эмалей выполняет на ионизацию.

**Letters to the Editor**

*N. V. Rama Rao, S. J. Singh, S. N. Tandon*

Determination of Opium and Strychnos Alkaloids by Radiometric Titrations with Potassium Thallium(I) Iodide Reagent (*in English*)

Isotopenpraxis 16 (1980) No. 1, p. 29 to 31
1 Fig., 3 Tab., 8 Ref.

*P. Nikolov, S. Niese*

Determination of Thermal Cross Sections and Resonance Integrals of the Reactions $^{58}Fe(n, \gamma)^{59}Fe$, $^{112}Sn(n, \gamma)^{113}Sn/^{113m}In$, $^{116}Sn(n, \gamma)^{117m}Sn$

Isotopenpraxis 16 (1980) No. 1, p. 31 to 34
1 Fig., 5 Tab., 20 Fig.

**Письма в редакцию**

*Н. В. Рама Рао, Н. И. Синг, С. Н. Тандон*

Определение алкалоидов опия и стрихносапутем радиометрического титрования с йодидом калия-таллия(I) в качестве реагента (*на англ. языке*)

Isotopenpraxis 16 (1980) вып. 1, стр. 29 до 31
1 рис., 3 табл., 8 лит.

*П. Николов, С. Нийзе*

Определение термических сечений и резонансных интегралов реакций $^{58}Fe(n, \gamma)^{59}Fe$, $^{112}Sn(n, \gamma)^{113}Sn$ и $^{116}Sn(n, \gamma)^{117m}Sn$

Isotopenpraxis 16 (1980) вып. 1, стр. 31 до 34
1 рис., 5 табл., 20 лит.

**Articles**



**Letters to the Editor**

Bei Fragen zur Produktsicherheit wenden Sie sich bitte an:
If you have any questions regarding product safety,
please contact:

Walter de Gruyter GmbH
Genthiner Straße 13
10785 Berlin
productsafety@degruyterbrill.com